BASIC MASTER SERIES **534**

はじめての

今さら聞けない
インスタグラム

［第3版］
Threads対応

［著］吉岡 豊

秀和システム

はじめに

　インスタグラムは、2010年10月にリリースされた当初、写真のみが投稿できるシンプルなSNSでした。その後、写真をおしゃれに加工できることで話題となり、あっという間に人気SNSの仲間入りと果します。そして、2013年に動画の投稿機能が、2016年に広告などのビジネスツール、ストーリーズが追加され、2017年にショッピング機能、2020年にリールとまとめ機能などがリリースされるというように、バージョンアップするたびに新しい機能が追加されています。そして、2023年には、Threads（スレッズ）という別のテキストSNSまで備えた総合SNSアプリにまで進化しました。

　インスタグラムは、写真や動画を介したSNSなのですが、巨大なショッピングモールでもあります。また、世界中からあらゆる情報が集まる検索ツール、数億人が集まる格好のマーケティング対象といった側面も持ち合わせています。ユーザー同士の交流にショッピング、情報検索にマーケティング、オンラインショップの運営など、ユーザーの目的やニーズに合わせて様々な角度から楽しむことができます。

　多機能でいろいろな楽しみ方ができるということは、それだけユーザーは機能の内容や操作手順についての理解が必要となります。また、他のSNSとの連携やセキュリティ機能など、インスタグラムの楽しみ方を広げる機能についても知っておいた方がよいでしょう。

　本書では、インスタグラムの核となる写真や映像を介したSNS機能を中心に、情報検索、ショッピングといった機能の紹介、手順などを見やすい大画面で示しながら丁寧に解説しています。また、インスタグラムの概要やアカウントの定義といったイメージしにくいことをイラストでわかりやすく可視化しています。まずは、アプリをインストールして、写真を投稿してみましょう。新しい発見があるかもしれません。本書がインスタグラムを楽しく利用するための一助となれば幸甚です。

2023年9月
吉岡　豊

本書の使い方

- 本書では、初めてインスタグラムを使う方や、いままでインスタグラムを使ってきた方を対象に、インスタグラムの基本的な操作方法から、インスタグラムを楽しむための様々な便利技や裏技など、一連の流れを理解しやすいように図解しています。また、新しいサービスの「Thrcads」にも対応しました。
- インスタグラムの機能の中で、頻繁に使う機能はもれなく解説し、本書さえあればインスタグラムのすべてが使いこなせるようになります。特に便利で楽しい機能やフォロワーを増やすなどの役立つ操作は、豊富なコラムで解説していて、格段に理解力がアップするようになっています。
- スマートフォン・タブレット・パソコンに完全対応しているために、お好きなツールでインスタグラムを楽しむことができます

紙面の構成

タイトルと概要説明

このセクションで図解している内容をタイトルにして、ひと目で操作のイメージが理解できます。また、解説の概要もわかりやすくコンパクトにして掲載しています。ポイントのキーワードも掲載し、検索がしやすくなっています。

丁寧な手順解説テキスト

図版だけの手順説明ではわかりにくいため、図版の上に、丁寧な解説テキストを掲載し、図版とテキストが連動することで、より理解が深まるようになっています。逆引きとしても使えます。

大きい図版で見やすい

手順を進めていく上で迷わないように、できるだけ大きな図版を掲載しています。また、図版には番号を入れていますので、次の手順がひと目でわかります。

SECTION

Key Word Instagram アカウントの作成

21 Instagram アカウントを作成しよう

[Instagram] アプリをインストールしたら、次に Instagram アカウントを作成します。Instagram アカウントでは、携帯電話番号またはメールアドレスを登録し、固有のユーザーネームで投稿やコメントなどを管理します。

Instagram アカウントを作成する

1 **[Instagram] アプリを起動する**

ホーム画面の [Instagram] アプリのアイコンをタップします。

1 [Instagram] をタップ

2 **[新しいアカウントを作成] をタップする**

[新しいアカウントを作成] をタップし、アカウント登録画面を表示します。

> ユーザーネーム、メールまたは携帯電話番号
>
> パスワード
>
> ログイン
>
> パスワードを忘れた場合
>
> 1 [新しいアカウントを作成] をタップ
>
> 新しいアカウントを作成
>
> ∞ Meta

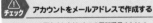

⚠️ **チェック** **アカウントをメールアドレスで作成する**

Instagram アカウントは、1つの電話番号またはメールアドレスに対して1つ作成できます。インスタグラムのアカウントを複数運用する場合は、メールアドレスでInstagram アカウントを作成した方がよいでしょう。

本書で学ぶための3ステップ

STEP1 インスタグラムの基礎知識が身に付く

本書は大きな図版を使用しており、ひと目で手順の流れがイメージできるようになっています

STEP2 解説の通りにやって楽しむ

本書は、知識ゼロからでも操作が覚えらるように、手順番号の通りに迷わず進めて行けます

STEP3 やりたいことを見つける逆引きとして使ってみる

一通り操作手順を覚えたら、デスクのそばに置いて、やりたい操作を調べる時に活用できます。また、豊富なコラムが、レベルアップに大いに役立ちます

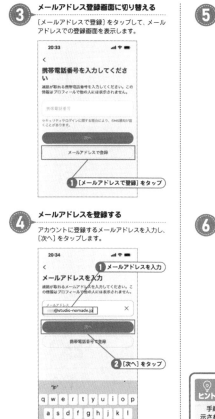

3 メールアドレス登録画面に切り替える

[メールアドレスで登録]をタップして、メールアドレスでの登録画面を表示します。

1 [メールアドレスで登録]をタップ

4 メールアドレスを登録する

アカウントに登録するメールアドレスを入力し、[次へ]をタップします。

1 メールアドレスを入力
2 [次へ]をタップ

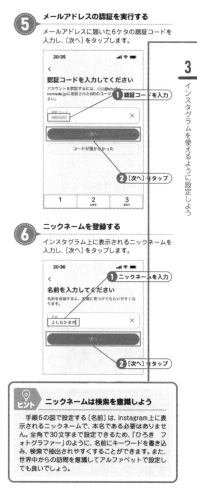

5 メールアドレスの認証を実行する

メールアドレスに届いた6ケタの認証コードを入力し、[次へ]をタップします。

1 認証コードを入力
2 [次へ]をタップ

6 ニックネームを登録する

インスタグラム上に表示されるニックネームを入力し、[次へ]をタップします。

1 ニックネームを入力
2 [次へ]をタップ

3 インスタグラムを使えるように設定しよう

> **ヒント　ニックネームは検索を意識しよう**
>
> 手順6の図で設定する[名前]は、Instagram上に表示されるニックネームで、本名である必要はありません。全角で30文字まで設定できるため、「ひろき　フォトグラファー」のように、名前にキーワードを書き込み、検索で抽出されやすくすることができます。また、世界中からの訪問を意識してアルファベットで設定しても良いでしょう。

豊富なコラムが役に立つ

手順を解説していく上で、補助的な解説や、楽しい便利技、より高度なテクニック、注意すべき事項などをコラムにしています。コラムがあることで、理解がさらに深まります。

コラムの種類は全部で3種類

コラムはシンプルに3種類にしました。目的によって分けていますので、ポイントが理解しやすくなっています。

 メモ　覚えておくと便利な手順や楽しむために必要な事項などをわかりやすく解説しています。

 ヒント　応用的な手順がある場合や何かをプラスすると楽しさが倍増することなどを解説しています。

 チェック　操作を進める上で、気をつけておかなければならないことを中心に解説しています。

目次

はじめに ……………………………………………………………… 3

本書の使い方 ………………………………………………………… 4

1章　そもそもインスタグラムってなに？　13

01 ● インスタグラムってなに？ ……………………………………14
インスタグラムは写真を中心としたSNS
インスタグラムは、近況報告やつぶやきなどを写真・動画で投稿するSNS
お気に入りの写真や動画を探してみよう

02 ● インスタグラムってどうしてそんなに人気なの？ ………………16
言葉じゃ伝えきれないものを写真で伝える！
毎日1億を超える投稿！　巨大な情報サイト
有名人の投稿を楽しめる
インスタグラムショッピングを楽しもう！

03 ● インスタグラムってどうやって使うの？ ……………………18
友だちの投稿を楽しもう
写真を投稿しよう
動画を配信しよう
ショッピングを楽しもう

04 ● インスタグラムはLINEやX（Twitter）と何が違うの？ …………20
インスタグラムはどんなSNS？
インスタグラムとX（Twitter）の違い
インスタグラムとLINEの違い

05 ● インスタグラムを使い始めるには何が必要？ ………………22
[Instargam]アプリをインストールしよう
パソコンからも利用できる

2章　インスタグラムを使う前に知っておくコト　23

06 ● インスタグラムのアプリはどこから手に入れればいい？ ………24
[Instagram]アプリを入手しよう
iPhoneでインスタグラムを利用する
Androidのスマホやタブレットでインスタグラムを利用する

07 ● Instagramアカウントって何？ ……………………………26
Instagramアカウントって何？
ユーザーネームって何？
名前は自由につけていいの？

08 ● Facebookのアカウントでログインってどういうこと？ ………28
　　　Facebookとの連携について
　　　Facebookアカウントとインスタグラムを関連付けるメリット

09 ● 必ず投稿しなきゃダメ？　写真加工アプリとして
　　　使いたいんだけど… ………………………………………29
　　　加工した写真はスマホに保存されるけれど…

10 ● 子供が使っても安全？　インスタグラム利用の注意点 …………30
　　　写真ならではの危険性がある
　　　位置情報の取得を無効にすることもできる
　　　初期設定のままではプロフィールは公開される

11 ● フォローって何？　フォロワーって何？ ………………………32
　　　フォローとは
　　　実際に知っている人をフォローしてみよう
　　　知らないユーザーをフォローする場合に気を付けること
　　　フォロワーとは

12 ● インスタグラムで他のユーザーとの交流ってどうするの？ ……34
　　　他のユーザーと交流しよう
　　　気に入った写真には「いいね！」を送ろう
　　　写真にコメントを書き込んでみよう
　　　個人的にメッセージを送ることもできる

13 ● フォロワーを増やすにはどうすればいいの？ …………………36
　　　見る人の立場に立って投稿しよう
　　　投稿を検索されやすくする

14 ● 誰にも知られずにこっそりインスタグラムを使いたい …………37
　　　Facebookや［連絡先］アプリとの連携を解除しよう
　　　プロフィールを非公開に設定する

15 ● インスタグラムの写真を他のSNSで投稿したい！ ……………38
　　　写真をX(Twitter)にも投稿しよう
　　　インスタグラムの投稿をLINEでシェアしよう
　　　インスタグラムからシェアできるその他のSNS

16 ● インスタグラムの写真はみんなおしゃれ！
　　　わたしにもできる？ ……………………………………… 40
　　　フィルターを使って写真をおしゃれに加工しよう
　　　色や明るさを補正して写真をより良く見せよう

17 ● 大きな画面でインスタグラムの写真を見たい！ ………………42
　　　インスタグラムをタブレットで楽しむ
　　　パソコンでインスタグラムを楽しむ

18 ● 有名人のアカウント、これ、本物？ …………………………………43
　有名人のユーザーネームは正確に知っておこう
　有名人の公式アカウントには認証バッジが表示されている

19 ● Threads を使ってみよう ………………………………………………44
　Threads をはじめるには Instagram アカウントが必要
　映像では語れない心の内をつぶやいてみよう

3章　インスタグラムを楽しめるように設定しよう　45

20 ● [Instagram] アプリをインストールしよう ……………………46
　[Instagram] アプリをインストールしよう（iPhone）
　[Instagram] アプリをインストールしよう（Android）

21 ● Instagram アカウントを作成しよう……………………………50
　Instagram アカウントを作成する
　アカウントを追加する
　アカウントを切り替える

22 ● インスタグラムと Facebook のアカウントを関連付ける ………58
　インスタグラムのアカウントと Facebook を関連付ける
　インスタグラムへの投稿を Facebook にもシェアする

23 ● プロフィールを編集してみよう ……………………………………63
　プロフィールを編集する

4章　インスタグラムで友だちとつながろう　69

24 ● 連絡先アプリから友だちを探してフォローしてみよう…………70
　連絡先との連携を設定する
　[フォローする人を見つけよう] リストで友だちを探そう
　友だちのフォローを解除する

25 ● フォロー・フォロワーのリストを確認しよう …………………74
　フォローしてくれたユーザーをフォローバックしよう
　フォロワーを削除する
　フォローを解除せずに相手の投稿を非表示にする

26 ● [発見] 画面で新しい友だちを探してみよう…………………78
　ユーザーネームで友だちを検索する

27 ● ハッシュタグを使って友だちを探してみよう…………………80
　ハッシュタグとは
　写真をキーワードで検索しよう
　ハッシュタグをタップしてお気に入りの写真を探してみよう

ハッシュタグをフォローしてみよう

28 ● 現在地に近いショップやスポットを探してみよう ·············· **84**
現在地周辺のスポットを検索しよう
投稿の位置情報から地図検索を実行する

29 ● 有名人のアカウントをフォローしよう ······················· **88**
有名人のアカウントをフォローする
有名人が投稿したら通知されるように設定する

30 ● 「いいね！」を使いこなそう ······························· **90**
写真に「いいね！」を付ける
自分の投稿に付いた「いいね！」を確認しよう
自分が「いいね！」を付けた写真を確認する
写真をコラボコレクションに保存する

31 ● 写真にコメントを付けよう ······························· **94**
写真にコメントを付ける
コメントを削除する

32 ● 友だちに直接メッセージを送ってみよう ·················· **96**
投稿をダイレクトメッセージで送信する
ダイレクトメッセージに返信する
消えるメッセージモードを利用しよう

5章　写真を投稿しよう　　　　　　　　99

33 ● 写真を撮ってその場で投稿してみよう ·················· **100**
撮った写真をその場で投稿しよう
［新規投稿］画面の画面構成
撮影画面の画面構成
フィルター設定画面の画面構成
素敵な写真を撮るためのちょっとしたコツ！

34 ● 思い出の写真を投稿してみよう ························· **106**
お気に入りの写真を投稿してみよう
複数の写真を一度に投稿する

35 ● タップで素敵な写真に！　フィルターを活用しよう ·········· **110**
フィルターを設定する
フィルターの順序を入れ替える
フィルター+Luxで写真をくっきりさせよう
インスタグラムのフィルター一覧

36 ● フツウの写真もインスタ映え！　写真のかんたん補正術！ ······ **114**
写真の角度を調節しよう
写真の明るさを調節する

コントラストを調節してくっきりとした写真にしよう
ストラクチャで質感を強調してみよう
暖かみのある写真にしよう
花や緑を鮮やかにしてみよう
写真にフィルターをかけて印象を変えてみよう
写真にレトロ感をにじませよう
影の部分を明るく調節する
周囲を暗くして被写体を引き立てる
周囲をぼかして被写体を強調しよう
写真をシャープに見せよう

37 ● 投稿に音楽を設定してみよう ………………………… 122
投稿に音楽と登録する

38 ● ハッシュタグを付けて注目を集めよう ………………… 124
ハッシュタグとは
ハッシュタグを設定する

39 ● 写真に位置情報を付けて投稿しよう ………………… 126
投稿に位置情報を追加する
投稿の撮影場所を確認する

6章　動画を投稿しよう　129

40 ● ショートムービーでバズっちゃおう！ ……………… 130
リールとは？
まずはリール動画を見てみよう
ショートムービーを作成する

41 ● 既存の動画を編集してリールに投稿する ……………… 140
既存の動画をリールに編集して投稿する
テンプレートを使ってリールを作成する

42 ● リミックスして他のユーザーと楽しくコラボ！ ……………… 149
他のユーザーのリール動画と楽しくコラボしよう
自分の動画を元の動画の後ろに追加する
リミックスを許可しないように設定する

43 ● 24時間限定公開！ストーリーズを投稿しよう ……………… 156
ストーリーズを投稿してみよう
ストーリーズを視聴する

44 ● 楽しさをみんなで共有！　ライブ動画を配信しよう ………… 161
ライブ動画を配信する
ライブ動画を視聴する

45●他のユーザーとの交流を促進する機能を使ってみる…………… 166
  ノートを使って親交を深めよう
  ノートで他のユーザーと交流しよう
  まとめ機能で知ってほしいことをアピールしよう

7章　インスタグラムでショッピングを楽しもう　173

46●インスタグラムで買える！ 売れる！
  ショッピング機能を知っておこう……………………………… 174
  インスタグラムは巨大なショッピングサイト
  友達と情報交換しながらショッピングを楽しめる
  インスタグラムは世界中から数億人が集まるマーケット

47●お気に入りのショップを見つけよう……………………………… 176
  ショップの投稿から商品を探してみよう
  ショップのアカウントを探してみよう
  リール動画からショップを探す

48●オンラインストア開設の準備をしよう ………………………… 180
  インスタグラムでショップを開設するには
  ショッピング機能導入の条件を満たしているか確認する
  Facebookページを作成する
  プロアカウントに切り替える
  ビジネスアカウント詳細の入力画面を表示する

49●オンラインストアを開設しよう ……………………………… 188
  Facebookページにビジネスアカウントを追加する
  Facebookページのカタログに商品を登録する
  インスタグラムでショップ設定を実行する
  商品写真にタグを付ける

8章　インスタグラムをもっと安全に便利に使おう199

50●投稿を非表示にしよう …………………………………………200
  投稿を削除する
  投稿をアーカイブに移す
  アーカイブした投稿を再表示する

51●コメントが書き込まれないようにしたい …………………203
  特定の投稿へのコメントの書き込みを無効にする
  投稿時にコメントをオフに設定する
  誹謗中傷を書き込まれないようにしたい

52 知らない人からフォローされないようにするには……………207
　アカウントを非表示に設定する
　ユーザーリクエストの認証を判断する

53 特定のユーザーをブロック/制限したい………………………209
　特定のユーザーをブロックする
　ユーザーに設定されたブロックを解除する
　アカウントを制限する
　ユーザーの制限を解除する

54 検索履歴を削除したい……………………………………214
　インスタグラムを検索した履歴を削除する

55 ログインパスワードを変更するには………………………216
　ログインパスワードを変更する

56 興味のない投稿を表示させないようにする…………………218
　興味のない投稿を非表示にする
　興味のない広告を非表示にする

57 インスタグラムを見過ぎないように設定するには……………220
　インスタグラム利用に制限時間を設定する
　休憩時間を通知する
　指定した時間は通知を停止する

9章　インスタグラムをThreadsや他の SNSと連携させる　　　　　223

58 投稿を他のSNSでシェアするには………………………224
　インスタグラムの投稿をLINEでシェアする
　インスタグラムの投稿をX（Twitter）にシェアする

59 TikTokの動画をインスタグラムに投稿する…………………227
　TikTokをインスタグラムに連携させる
　TikTokの動画をインスタグラムでシェアする

60 Threadsと連携させよう……………………………………231
　Threadsとは？
　Threadsとインスタグラムを連携させる
　Threadsからインスタグラムに投稿する
　インスタグラムの投稿をThreadsにシェアする

用語索引……………………………………………………237

1章

そもそも
インスタグラムってなに？

インスタグラムは、写真や動画を中心としたSNSです。きれいなモノ、面白いモノ、びっくりするモノを友だちとシェアしたい、そんな気持ちを満たしてくれます。しかし、インスタグラムには、SNSというカテゴリには収まり切れないほど、多様な機能が用意されています。多くのメーカーやショップは、インスタグラムで商品を紹介したり、販売したりしていて、ショッピングモールとしても情報サイトとしても活用できます。インスタグラムでできることや機能を確認して、自分なりの楽しみ方を見つけてみましょう。

 Key Word　インスタグラムの概要

01

インスタグラムってなに？

 X（Twitter）がつぶやきを中心としたSNSとするなら、インスタグラムは写真・動画を中心としたSNSです。起こっていることを撮影して、"きれい"や"びっくり"を友だちと共有してみましょう。

インスタグラムは写真を中心としたSNS

私でも美味しそうに撮れるかなぁ？

レストランで楽しみにしていた料理が出てきたとき、それがすごくおいしそうなら、友だちに教えたくなりますよね。できたてホヤホヤを、今すぐに。できるなら、匂いや味まで伝えたいくらいですが、それは無理なので写真や動画を撮りますよね。その写真・動画を友だちみんなと楽しく共有したいなら、インスタグラムを使いましょう。

インスタグラムは、近況報告やつぶやきなどを写真・動画で投稿するSNS

おいしい料理を写真でおすそわけしよう

楽しい思い出をみんなで共有しよう

おいしそうな料理やきれいな景色、驚きの瞬間、友だちとの楽しいひと時などを撮影し、一言を添えて投稿します。言葉では伝えきれないニュアンスや雰囲気なども、写真や動画なら伝えることができます。

驚きの瞬間を共有してみよう

お気に入りのアイテムを探してみよう

また、企業やショップなどのプロアカウントでは、商品を紹介・販売しています。お気に入りのアイテムを見つけて、ショッピングを楽しむこともできます。

お気に入りの写真や動画を探してみよう

膨大な投稿からお気に入りの一枚を探してみましょう

インスタグラムは、世界で10億人、国内では約3300万人のアクティブユーザーがいて、毎日1億枚以上の写真が投稿されています。この膨大な写真の中には、きっとお気に入りの写真があることでしょう。キーワードで写真を検索して、素敵な写真の世界を楽しんでください。また、気に入ったユーザーがいたらフォローしてみましょう。

Key Word > インスタグラムの特徴

02 インスタグラムって どうしてそんなに人気なの？

インスタグラムには、毎日1億以上の投稿があることから、巨大な情報サイトといえます。また、多くのメーカーやショップが商品を販売していて、ショッピングモールの側面もあります。自分に合った使い方ができることが、多くの支持を集めているのでしょう。

言葉じゃ伝えきれないものを写真で伝える！

インスタグラムは、写真を中心としたSNSで、写真をメインに表示する構成になっています。言葉では伝えきれない臨場感やニュアンスなどを、写真を大きく表示させることで、印象的に伝えることができます。インスタグラムでは、写真をおしゃれに見せたり、被写体を目立たせたりできるフィルターが23種類用意されています。また、写真の明るさや傾き、色合いなどを自由に補正することもできます。インパクトのある写真を投稿して、友だちの関心をひいてみましょう。

毎日1億を超える投稿！　巨大な情報サイト

インスタグラムには、世界で10億人のアクティブユーザーがいて、毎日1億以上の投稿があります。見方を変えると、莫大な情報が蓄積された情報サイトといえるのです。[発見]タブで気になる情報を検索してみましょう。目に留まった写真や動画をタップすれば、新しい発見があります。また、ハッシュタグや位置情報をタップすると、キーワードや場所で検索することもできます。さまざまな検索方法を駆使して、欲しい情報を集めてみましょう。

有名人の投稿を楽しめる

女優やモデルなど、多くの有名人がインスタグラムを利用し、公式アカウントを公開しています。その日のファッションや持ち物、仕事でのオフショットなど、ファンにとっては嬉しい写真がたくさん投稿されています。また、映画やテレビ番組の公式アカウントもあり、撮影のオフショットや出演者の動画なども投稿されています。お気に入りの有名人や作品の公式アカウントをフォローして、交流を楽しんでみましょう。

インスタグラムショッピングを楽しもう！

インスタグラムには、大手メーカーから個人が経営するショップまで、無数のプロアカウントが商品を紹介したり、販売したりしています。そのカテゴリも化粧品から自動車まで、あらゆるものが取引されていて、巨大なショッピングモールといっても過言ではありません。友だちとコミュニケーションを楽しみながら、お気に入りの商品を探してみましょう。

Key Word　インスタグラムの使い方

03 インスタグラムって どうやって使うの？

インスタグラムは、写真を中心としたSNSです。まずは、友だちを探してフォローしてみましょう。そして、写真を投稿し、友だちとコミュニケーションをとってみましょう。新しい発見や出合いがあるかもしれません。

友だちの投稿を楽しもう

インスタグラムでは、フォローしたユーザーの投稿がホーム画面のフィードに表示されます。まずは、身近な友達や家族でインスタグラムを使っているユーザーをフォローして、操作に慣れてみるとよいでしょう。気に入った作品に［いいね！］を付けたり、コメントを書き込んだりして、コミュニケーションをとってみましょう。

写真を投稿しよう

インスタグラムでは、インスタグラムアプリからカメラを起動し撮影できるだけでなく、フィルターを適用したり明るさや色を調節したりして、おしゃれに加工することができます。また、加工し終えた写真は、そのままインスタグラムに投稿できます。楽しい写真をおしゃれに加工して、友だちと盛り上がりましょう。

動画を配信しよう

ホーム画面のフィードには、最大90秒の動画を投稿することができ、すべてリール動画として表示されます。新たに撮影した動画やアルバムに保存された動画は、写真と同じようにフィルターやエフェクトなどで加工し、投稿することができます。また、24時間限定で公開できる「ストーリーズ」も用意されているので、目的や気分に合わせて使い分けてみましょう。

ショッピングを楽しもう

インスタグラムでは、メーカーやショップなどのプロアカウントが商品を紹介したり、販売したりしています。お気に入りのブランドやカテゴリから、商品を検索し、インスタグラムショッピングを楽しんでみましょう。また、オンラインストアを運営している企業やショップ、個人であれば気軽に商品写真を投稿し、販売サイトへ誘導できるサービスが用意されています。

04 インスタグラムはLINEや X（Twitter）と何が違うの？

LINEやX（Twitter）は、文字を中心としたSNSですが、インスタグラムは写真を介してコミュニケーションを取ります。インスタグラムと他のSNSとの違いを、確認しておきましょう。

インスタグラムはどんなSNS？

インスタグラムは、写真を中心としたSNSですが、X（Twitter）のように情報の拡散をコミュニケーションの手段にしていません。基本的に、フォローしあった友だち同士で、お互いの写真を楽しみます。検索結果やおすすめに表示されることはありますが、他のSNSに比べて写真の拡散性は低いでしょう。もちろん、他のSNSと連携させることで、写真を拡散することはできますが、インスタグラムの機能としては、閉じた環境でのコミュニケーションを目的としています。

投稿した写真や動画は基本的に
フォロワーにしか表示されない

● 写真や動画を投稿し、コミュニケーションする

● 写真や動画をシェアする機能が用意されていない

● 投稿した写真は、フォロワーまでしか届かない

インスタグラムとX（Twitter）の違い

X（Twitter）は、全角140文字という限られた文字数の情報を投稿するSNSで、誰のツイート（投稿）でも読んだり、リツイート（拡散）したりすることができます。それに対して、インスタグラムは、画像を投稿する点、写真を拡散する機能は用意されていない点がX（Twitter）と異なります。インスタグラムの写真を拡散したいときは、X（Twitter）と連携させると良いでしょう。

- 140文字以内のテキスト＋画像を投稿できる
- リツイートで情報を拡散できる
- リツイートされることで情報が知らない人にまで届く

インスタグラムとLINEの違い

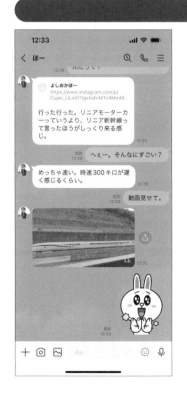

LINEは、文字とスタンプを中心としたSNSで、基本的に1対1のチャットアプリです。個々の友だちとの会話は、個別のトーク画面で行われるため、インスタグラムよりも個人的でより深いコミュニケーションが行えます。グループでの会話もできますが、グループへの参加は招待が必要で、積極的に友だちを探す以外に広がっていきません。

- 基本的に1対1のコミュニケーション
- 文字とスタンプによるコミュニケーションがメイン
- 友だちごとにトーク画面が分かれている

SECTION

Key Word [Instagram] アプリ

05 インスタグラムを使い始めるには何が必要？

インスタグラムは、スマートフォンやパソコンに [Instagram] アプリをダウンロード、インストールしアカウントを作成すると、写真・動画の視聴と投稿ができるようになります。まずは [Instagram] アプリを入手してみましょう。

[Instargam] アプリをインストールしよう

▼ AppStoreの
ダウンロード画面

▼ Google Play ストアの
ダウンロード画面

インスタグラムを利用するには、スマートフォンに [Instagram] アプリをインストールする必要があります。[Instagram] アプリは、iPhone用とAndroidのスマホ用が用意されていて、iPhoneなら App Store、AndroidのスマホならGoogle Play ストアから無料でダウンロード・インストールできます。

パソコンからも利用できる

▼ Windows版 [Instagram] アプリ

Instagramアカウントを取得できれば、パソコンでもインスタグラムを利用できます。Windowsの場合はMicrosoftストアに [Instagram] アプリが用意されているほか、Webブラウザからも利用できます。Macの場合は、Webブラウザからの利用になります。

2章

インスタグラムを使う前に
知っておくコト

インスタグラムは、写真や動画を中心とした SNS です。
写真や動画を中心にといわれても、どんな機能があって、
どのようにコミュニケーションを取れるのかイメージし
づらいかもしれません。この章では、インスタグラムを
はじめて利用するユーザーが、疑問に思うポイントにつ
いて答えていきます。

Key Word ▷ [Instagram] アプリ

06 インスタグラムのアプリは どこから手に入れればいい？

インスタグラムは、[Instagram] アプリを利用して、スマートフォン、タブレットで利用できます。[Instagram] アプリは、アプリのオンラインストアで無償配布されています。まずは [Instagram] アプリを入手しましょう。

[Instagram] アプリを入手しよう

インスタグラムを利用するには、写真/動画の撮影や加工、投稿といった機能がまとめられた [Instagram] アプリをスマホやタブレットにインストールする必要があります。[Instagram] アプリは、所定のオンラインストアで、無償で入手できます。

[Instagram] アプリをインストールして、スマートフォンにインスタグラムの機能を追加します

▼ [Instagram] アプリの主な機能

●写真 / 動画の撮影
●写真 / 動画の加工・補正
●写真 / 動画の投稿
●フォロワー（友達）とのコミュニケーション
●他のユーザーの投稿の閲覧　他

iPhoneでインスタグラムを利用する

iPhoneでインスタグラムを利用するには、アップル社が運営するApp Storeから[Instagram]アプリをダウンロードして、インストールします（3章のSection20参照）。なお、iPad用の[Instagram]アプリは用意されていないため、インスタグラムへはWebブラウザーでアクセスします。

▼ App Storeの[Instagram]アプリダウンロード画面

Androidのスマホやタブレットでインスタグラムを利用する

Androidのスマホ（XperiaやGalaxy、Aquosなど）を使用している場合は、Googleが運営するGoogle Playストアから[Instagram]アプリをダウンロードし、インストールします（3章のSection20参照）。

▼ Google Playストアの[Instagram]アプリダウンロード画面

 パソコンに[Instagram]アプリを追加するには

[Instagram]アプリは、Windowsのパソコン用にも用意されていて、Microsoftストアから無償でダウンロード、インストールできます。投稿は写真とリール動画、視聴は写真とリール動画、ストーリーズ、ライブ動画が可能で、メッセージや[いいね！]の送信もできます。Microsoftストアは、[スタート]ボタンをクリックし、[すべてのアプリ]をクリックすると表示されるアプリの一覧で[Microsoft Store]をクリックして起動します。

▼ Microsoftストアの[Instagram]アプリダウンロード画面

07 Instagram アカウント って何？

インスタグラムを始めるには、Instagram アカウントを作成する必要があります。Instagram アカウントは、銀行口座のようなもので名前とユーザーネーム、メールアドレスまたは電話番号を登録して作成します。

Instagram アカウントって何？

銀行の ATM では、キャッシュカードに記載されている口座番号とパスワードで個人を認識して、お金を引き出すことができます。それと同じで、インスタグラムでは、個人を認識するために、銀行口座にあたる「Instagram アカウント」を作成します。そして、そのアカウントを使うために必要なのが、口座番号にあたるユーザーネームとパスワードです。

●銀行の場合

口座番号と 4 ケタの
暗証番号による個人認証

預け入れや引き出し
振り込みができる

●インスタグラムの場合

ユーザーネームとパスワードで個人認証

写真の投稿や友だちの写真の閲覧が可能に

ユーザーネームって何？

インスタグラムのユーザーネームは、インスタグラムへのログインに必要なユーザーIDです。ユーザー固有のものを半角英数字で登録します。投稿者の名前にはユーザーネームが表示され、アカウント作成時に設定した「名前」は、プロフィールに表示される程度です。なお、ユーザーネームは、固有のものに限るという制約はつきますが、変更することができます。

ユーザーネームはプロフィールの最上部に記載されています

投稿者の名前にはユーザーネームが表示されます

名前は自由につけていいの？

インスタグラムでは、Instagramアカウントを作成する際に、ユーザーネームの他に「名前」を登録します。「名前」は、漢字やひらがな、カタカナを使って自由につけることができます。実名である必要もなく、インスタグラム上で呼ばれたい名前を付けましょう。

名前は自由につけることができます

メモ　Instagramアカウントは複数作成できる

Instagramアカウントは、複数作成することができます。趣味や旅行、ビジネスなど、アカウントごとにテーマを変えると、投稿を管理しやすく、統一感を維持しやすく、同じ傾向のユーザーが集まりやすいメリットがあります。プロフィール画面でメニューを表示し、[設定とプライバシー] をタップして、最下部にある [アカウントを追加] をタップします。

Key Word > Facebook との連携

08 Facebookのアカウントで ログインってどういうこと？

> インスタグラムでは、Facebookのアカウントをインスタグラムのアカウントとして利用できます。Facebookのアカウントを流用すると、投稿のシェアや機能の共用などのメリットがあります。

Facebookとの連携について

インスタグラムでは、Facebookのアカウントをそのままインスタグラムのアカウントとして利用することができます。Facebookのアカウントをインスタグラムのアカウントとして利用する場合は、アカウント作成時に表示される［(Facebookのユーザー名) としてログイン］をタップします。なお、インスタグラムで作成したアカウントをFacebookで利用することはできません。

Facebookアカウントとインスタグラムを関連付けるメリット

FacebookアカウントやInstagramアカウントは、［アカウントセンター］という機能で一元管理されています。アカウントセンターでは、FacebookアカウントとInstagramアカウントを関連付けることができ、連絡先データの共有や自動投稿機能の制御、パスワードの管理など、アカウントをまとめて管理することができます。

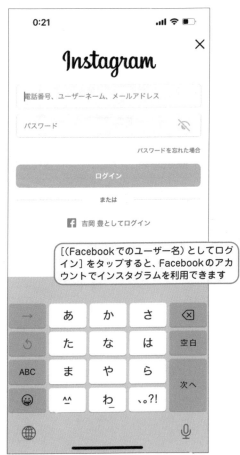

> ［(Facebookでのユーザー名) としてログイン］をタップすると、Facebookのアカウントでインスタグラムを利用できます

> FacebookアカウントとInstagramアカウントを関連付けると、自動投稿や連絡先データのシェアなど便利な機能が利用できるようになります。

SECTION

09

Key Word インスタグラムの使い方

必ず投稿しなきゃダメ？ 写真加工アプリとして使いたいんだけど…

インスタグラムは、写真を中心としたSNSで、写真加工アプリではありません。加工した写真や動画は、スマホに保存できますが、インスタグラムへの投稿は必須です。写真を投稿して、友だちと盛り上がりましょう。

加工した写真はスマホに保存されるけれど…

インスタグラムは、写真を中心としたSNSです。インスタグラムで加工した写真は、スマートフォンに保存されますが、投稿は必須です。投稿した写真で、友だちと盛り上がりましょう。

iPhoneの場合、[アルバム]の中に[Instagram]アルバムが作成され、インスタグラムに投稿した写真が保存されます

 ヒント 投稿せずに加工した写真をスマートフォンに保存する裏技

[Instagram]アプリの仕様では、インスタグラムで加工した写真は、投稿することが必須となっていますが、投稿せずに加工した写真を保存することもできます。スマートフォンの通信モードを機内モード（通信できない状態）に設定し、加工した写真をあえて投稿します。すると、加工後の写真は保存され、投稿できなかったというエラーが表示されるので、投稿をキャンセルします。

Key Word インスタグラムの注意点

10 子供が使っても安全？ インスタグラム利用の注意点

インスタグラムは、写真を中心としたSNSのため、X(Twitter)やLINEよりも安全と思われがちですが、位置情報など写真ならではの注意点もあります。インスタグラム利用におけるデメリットも知っておきましょう。

写真ならではの危険性がある

インスタグラムは、写真が中心のSNSのため、LINEやX(Twitter)ほど親密にコミュニケーションをとれるわけではありません。しかし、写真の背景や位置情報から現在地や個人が特定されるなど、危険がないわけでもありません。また、リベンジポルノなど、写真が悪用されることもあるため注意が必要です。インスタグラムでは、13歳未満のお子様が利用する場合は、保護者によるアカウント管理が必要としています。

投稿時に位置情報を追加すると

投稿から撮影地を示す地図を表示することもできます

位置情報の取得を無効にすることもできる

インスタグラムでは、投稿時に位置情報を追加する操作を行わなければ、写真に位置情報が追加されることはありません。それでも、インスタグラムによる位置情報の取得が心配な場合は、位置情報の取得を無効にすることもできます。

初期設定のままではプロフィールは公開される

インスタグラムの初期設定では、投稿者のプロフィールは誰でも見ることができます。プロフィールには個人情報はありませんが、プロフィールに登録している名前や情報と、フォロー中の友だち、自分のフォロワー、投稿した写真の一覧を表示することができます。プロフィールの公開が心配な場合は、フォローしている友だちしかプロフィールを表示できないように制限することができます。プロフィールの公開が心配な場合は、フォローしている友だちしかプロフィールを表示できないように制限することができます。

iPhoneの場合、[設定] 画面で [Instagram] をタップし、[位置情報] をタップすると表示される画面で、位置情報の追加を制御できます

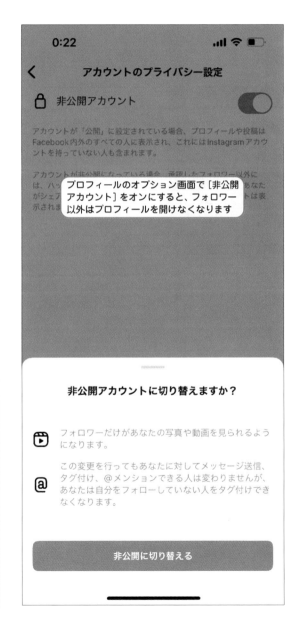

プロフィールのオプション画面で [非公開アカウント] をオンにすると、フォロワー以外はプロフィールを開けなくなります

Key Word フォロー / フォロワーの意味

11 フォローって何？ フォロワーって何？

フォローとは、気に入ったユーザーにファンになることを伝えて、そのユーザーの投稿が自分のホーム画面に表示されるようにすることです。多くの作品を見て、気に入ったユーザーをフォローし、交流を深め世界を広げてみましょう。

フォローとは

このユーザー
いつも面白い写真を
投稿している！
フォローしよう‼

いつも素敵な写真を投稿しているユーザーがいたら、そのユーザーの投稿はいつもチェックしたいですよね。そんな場合は、そのユーザーをフォローしてみましょう。特定のユーザーをフォローすると、自分のホーム画面にフォローしたユーザーの投稿が表示されるようになります。また、フォローした相手には、自分のユーザーネームが通知されます。

実際に知っている人をフォローしてみよう

連作先や
Facebook の友だち
一覧を参照しフォロー
するユーザーを
提案する

インスタグラムでは、スマートフォンの [連絡先] アプリやFacebookを連携させると、その友だちの中からインスタグラムを使っているユーザーが検索され、一覧で表示されます。まずは、実際に知っている友だちをフォローしてみましょう。

知らないユーザーをフォローする場合に気を付けること

キーワードで検索を実行すると、キーワードに該当する知らない人の写真も検索できます

インスタグラムでは、[フォローする]ボタンをタップするだけで、知らないユーザーでもフォローできます。知らない人に投稿を見られることに不快感を覚える人がいれば、たくさんの人に写真を見てもらえることを嬉しく思う人もいます。知らないユーザーをフォローする場合には、事前に[いいね！]を送ったり、コメントを書き込んだりして、少し距離を縮めてからの方がよいでしょう。

フォロワーとは

自分をフォローしてくれているユーザーのことフォロワーといいます

「フォロワー」とは、自分のことをフォローしてくれているユーザーのことです。フォロワー数は、投稿の人気の目安となっています。楽しい写真を投稿して、フォロワーを増やしてみましょう。

Key Word 他のユーザーとの交流

12 インスタグラムで他のユーザーとの交流ってどうするの？

インスタグラムでは、投稿に［いいね！］を送ったり、コメントを書き込んだりして他のユーザーとコミュニケーションを取ることができます。また、特定のユーザーにダイレクトメッセージを送ることもできます。

他のユーザーと交流しよう

インスタグラムは、SNSです。写真を通じて他のユーザーと交流しましょう。気に入った投稿には、投稿者をフォローしていても、していなくても、［いいね！］やコメントを送ることができます。まずは、気に入った写真に［いいね！］を送って、交流のきっかけを作りましょう。

お互いに「いいね！」を
送り合って交流を始めましょう

気に入った写真には「いいね！」を送ろう

タップする
だけで

かんたんに［いいね！］
を送れます

写真にコメントを残すのが照れくさかったり、時間がなかったりするような場合は、［いいね！］を送ると良いでしょう。［いいね！］は、タップひとつで写真に対して好印象を持っていることを伝えられる機能です。気軽に［いいね！］して、他のユーザーとの交流を楽しみましょう。

写真にコメントを書き込んでみよう

投稿された写真には、コメントを書き込むことができます。また、コメントに対して返事を書き込むこともできます。コメント機能を活用して、投稿者やフォロワーと楽しく交流しましょう。なお、マナーとして、写真とは関係のないコメントは控えるようにしましょう。

コメントを入力し［投稿する］をタップすると

コメントを書き込めます

個人的にメッセージを送ることもできる

インスタグラムには、個人的にメッセージを送る機能として、［メッセンジャー］が用意されています。［メッセンジャー］は、Facebookとも共通で利用できる機能で、写真や動画、GIFアニメを添付できるのはもちろん、音声通話やビデオ通話も利用できます。

相手に直接メッセージを送信できます

音声通話やビデオ通話もできます

Key Word フォロワーを増やす方法

13 フォロワーを増やすにはどうすればいいの？

フォロワーを増えれば、世界が広がり、投稿のモチベーションも上がります。しかし、ただきれいな写真を投稿するだけでは、フォロワーは増えません。テーマを決めて投稿したり、ハッシュタグを設定したりして検索されやすくしましょう。

見る人の立場に立って投稿しよう

ペットの写真など
テーマを決めて
投稿すると
フォロワーが
付きやすい

フォロワーを増やしたい場合は、見る人の共感を得やすい投稿をするとよいでしょう。写真のテーマを決める、統一感のある撮り方をするなど、次の投稿に期待が集まるような話題性を作ると良いでしょう。また、コメントには必ず返事するだけでなく、できるだけ早く返事することも大切です。

投稿を検索されやすくする

ハッシュタグを
付けると
検索されやすくなる

投稿には、その特長やテーマのキーワードをタグとして追加することができます。追加されたタグのことを「ハッシュタグ」といいます。ハッシュタグは、投稿する際に、先頭に「#（ハッシュ）」を付けてキーワードを入力するだけで設定できます。適切なハッシュタグを設定すると、タグに設定したキーワードで検索されるようになり、投稿を見てもらえるきっかけになります。

14 誰にも知られずにこっそりインスタグラムを使いたい

> インスタグラムユーザーの中には、少人数の仲の良い友だちとこっそり楽しみたいという人もいるでしょう。この場合は、Facebookや［連絡先］アプリの連携を解除すると良いでしょう。

Facebookや［連絡先］アプリとの連携を解除しよう

インスタグラムをFacebookと連携させると、Facebookとインスタグラムの両方を使っていて、インスタグラムでまだフォローしていないユーザーや友だちの友だちなどが、「フォローする人を見つけよう」のリストに「おすすめ」として表示されます。つまり、自分も同じように表示されている可能性があります。特定の友だちとこっそりインスタグラムを楽しみたい場合は、［設定とプライバシー］画面で［お知らせ］→［フォロー中とフォロワー］をタップすると表示される画面で［アカウントのおすすめ］をオフにしておいたほうが良いでしょう。

［アカウントのおすすめ］を［オフ］にすると、［おすすめ］アカウントが表示されなくなります

プロフィールを非公開に設定する

インスタグラムの初期設定では、プロフィールは誰でも閲覧できる上、誰からのフォロワー申請も受け付ける状態になっています。フォロワーの申請を判断して受け入れたい場合は、プロフィールを非公開に設定しましょう。プロフィールを非公開に設定すると、フォロワー申請が届いた場合に、ユーザーが申請を受け入れるか拒否するかを選択できるようになります。

［非公開アカウント］をオンにすると、フォロワー申請の承認を選択できるようになります

15 インスタグラムの写真を他のSNSで投稿したい！

インスタグラム自体には、投稿を拡散する機能は用意されていません。しかし、写真や動画をX(Twitter)やFacebookなど他のSNSにシェアすれば、広く拡散させることができます。X(Twitter)など他のSNSと連携して、写真を広く拡散してみましょう。

写真をX(Twitter)にも投稿しよう

インスタグラムには、X(Twitter)のリツイートのような投稿拡散機能は用意されていません。写真を多くの人に見てもらう最も簡単な方法は、投稿をX(Twitter)にも投稿することです。X(Twitter)では、いい投稿を拡散する文化が根付いているため、人の目にさえ止まれば広く拡散され話題にしてもらえます。インスタグラムに、X (Twitter)でシェアするには、投稿後の写真・動画に表示されている [シェア] ▽をタップし、表示される画面で [Twitter] をタップします。

1 [シェア] ▽をタップして

[Twitter] をタップすると、インスタグラムへのURLが掲載されたTwitterの投稿画面が表示されます

インスタグラムの投稿をLINEでシェアしよう

インスタグラムの写真は、X（Twitter）だけでなくLINEにも投稿することができます。LINEでシェアすることで、インスタグラムを使っていない仲の良い友達にも楽しい写真を共有できます。LINEへの投稿は、X（Twitter）と同様に投稿後の写真に表示される［シェア］をタップし、表示される画面でさらに［シェア］▽をタップして、シェア可能なアプリの一覧からLINEをタップします。

［シェア］をタップし、［シェア］▽をタップした画面で［LINE］を選択します

LINEに投稿された

インスタグラムからシェアできるその他のSNS

インスタグラムの写真や・動画を他のSNSへの投稿を連携する機能は、投稿後に表示される［シェア］アイコン▽にまとめられています。［シェア］アイコン▽から投稿できるSNSは次の通りです。なお、従来の「新規投稿」画面にSNSへのシェアを設定する機能は廃止になりました。

SNS名	読み方	機能
X（Twitter）	エックス（ツイッター）	最大280文字（有料版は4000文字）までのコメントを不特定多数に向けて投稿できる。写真や動画を投稿したり、他のユーザーの投稿をリツイート（拡散）したりすることもできる
メッセージ	メッセージ	Androidスマホのсулт SMSアプリ。
Messenger	メッセンジャー	FacebookやInstagramでユーザー間のコミュニケーションが取れる。
WhatsApp	ワッツアップ	Metaが運営する個人やグループ間でのコミュニケーションを楽しめるSNS。
Snapchat	スナップチャット	投稿後10秒ほどで消えてしまう、画像・動画を中心としたSNS。
Facebook	フェイスブック	実名登録制のSNSで、実際の関係性をベースとしたSNS。
Threads	スレッズ	Instagramに付随するテキストを中心としたSNS。
LINE	ライン	個人やグループ間でのコミュニケーションを楽しめるSNS。

Key Word 写真の加工

16 インスタグラムの写真はみんなおしゃれ！ わたしにもできる？

インスタグラムでは、フィルターを選択するだけでかんたんにおしゃれな写真を作成できます。また、写真の明るさや色、傾きなどもかんたんに補正できます。よって、写真加工アプリとしても使えます。

フィルターを使って写真をおしゃれに加工しよう

インスタグラムでは、写真に適用するだけでかんたんにおしゃれに加工できるフィルターが23種類用意されています。各フィルターでは、効果の強弱やぼかす範囲などを調節できる機能があり、タップやドラッグなどかんたんな操作でイメージ通りの加工を追加できます。また、フィルターはダウンロードして追加することもできます。フィルターを使って、写真を気軽に加工してみましょう。

適切なフィルターを選択するだけで、写真をきれいに見せることができます

色や明るさを補正して写真をより良く見せよう

インスタグラムでは、写真の色や明るさ、傾きなどを補正できる機能が用意されています。どの機能もスライダーをドラッグしたり、追加する効果を選択したりするだけで、かんたんな操作で写真を補正することができます。うまく撮れなかった写真も、明るさや色を補正するだけで見違えるほどいい写真になることもあります。補正機能を試して、楽しく写真を加工してみましょう。

写真を補正・加工できる13項目から目的のものをタップ

写真を見ながらスライダーで色や明るさなどを調節します

項目	効果
調整	写真の角度を微調整します
明るさ	写真の明るさを補正します
コントラスト	写真の明暗の差を調整してメリハリを付けます
ストラクチャ	被写体の輪郭を強調します
暖かさ	赤や黄色のレベルを調節します
彩度	色の鮮やかさを調節します
色	ハイライト（明るい部分）や影（暗い部分）に指定した色を重ねます
フェード	色と明るさをくすませて古い写真のように加工します
ハイライト	明るい部分の明るさを調節します
シャドウ	暗い部分の明るさを調節します
ビネット	写真の四隅を暗くする効果を加えます
ティルトシフト	指定した範囲の外側をぼかす効果を加えます
シャープ	輪郭を強調してくっきりと見せます

Key Word ／ タブレット /PC でインスタグラムを楽しむ

17 大きな画面でインスタグラムの写真を見たい！

インスタグラムの写真を大きな画面で見たい場合は、タブレットやパソコンを利用しましょう。なお、iPad用アプリはありませんが、Androidのタブレット用とWindows用のアプリは用意されています。

インスタグラムをタブレットで楽しむ

インスタグラムをタブレットで楽しむ場合、Androidのタブレットならスマホと同様に [Instagram] アプリを利用します。iPadの場合は、iPhone用の [Instagram] アプリを利用するか、Webブラウザーを使います。

iPadの場合は、iPhone用の [Instagram] アプリを拡大表示して利用できます

パソコンでインスタグラムを楽しむ

Windowsのパソコンの場合は、パソコン用の [Instagram] アプリが用意されています。パソコン用アプリからも写真や動画を撮影、投稿することができますが、ストーリーズやライブ動画の投稿はできません。また、Macの場合は、Webブラウザでインスタグラムを表示できますが、投稿することはできません。

Windowsパソコンでは、Microsoftストアで配布されている [Instagram] アプリを利用します

18 有名人のアカウント、これ、本物？

インスタグラムは有名人の間でも流行していて、プライベートな写真や仕事のオフショットなどが公開されています。好きな有名人のアカウントをフォローして、投稿をチェックしてみましょう。

有名人のユーザーネームは正確に知っておこう

有名人のアカウントは、名前で検索できますが、ファンの人や有名人を真似ている人などが、同じような名前でアカウントを作成しています。あらかじめ有名人のユーザーネームを調べてから検索した方がよいでしょう。

有名人の公式アカウントには認証バッジが表示されている

有名人の公式アカウントには、Meta認証バッジ✓が表示されています。Meta認証バッジ✓は、インスタグラムを運営するMetaが本人と確認できたアカウントにのみ表示が認められている、有料のアイコンです。有名人のアカウントが本物であるかどうかは、Meta認証バッジ✓の表示で確認しましょう。

芸能人名で検索すると多くの候補が表示されるため、間違ったアカウントにアクセスする可能性もあります

公式アカウントにはMeta認証バッジ✓が表示されています

19 Threadsを使ってみよう

Threadsは「スレッズ」と読み、インスタグラムやFacebookを運営しているMetaが、2023年7月に新しくリリースした、500文字までのテキストのポスト（ツイート）を中心としたSNSです。Threadsを使って、インスタグラムとは違ったコミュニケーションを楽しみましょう。

ThreadsをはじめるにはInstagramアカウントが必要

Threadsは、500文字までのテキストを中心としたSNSで、SNSのカテゴリとしては（X）Twitterに似ています。（X）Twitterでいうリツイート機能に該当する「リポスト」が用意され、ポストを拡散することができます。Threadsは、インスタグラムに付随するSNSとして開始され、利用開始にはInstagramアカウントが必要となります。

▼Threadsのログイン画面

InstagramのユーザーネームをIDとしてInstagramアカウントでログインします

映像では語れない心の内をつぶやいてみよう

インスタグラムは、写真や動画が中心のSNSで、どちらかというと投稿者とフォロワーの交流が目的です。それに対してThreadsは、500文字までのテキスト中心のSNSで、他のユーザーのポスト（ツイート）を拡散できる「リポスト機能」が用意されていることから、インスタグラムとは真逆の特徴を持ったSNSといえます。インスタグラムとThreadsをうまく使い分けて、他のユーザーと楽しく交流しましょう。

3章

インスタグラムを
楽しめるように設定しよう

インスタグラムを楽しめるようにするには、スマートフォンに [Instagram] アプリをインストールし、Instagramアカウントを取得してプロフィールを編集します。また、Facebookを利用しているユーザーは、インスタグラムとFacebookを連携させておけば、友達を探したり、投稿をシェアしたりすることができて便利です。

20 ［Instagram］アプリを インストールしよう

インスタグラムを始めるには、まず、［Instagram］アプリをスマートフォンにインストールします。［Instagram］アプリは、iPhoneならApp Store、AndroidのスマホならGoogle Play ストアで配布されています。

［Instagram］アプリをインストールしよう（iPhone）

1 ［App Store］アプリを起動する

［App Store］のアイコンをタップして、［App Store］を起動します。

1 ホーム画面を表示

2 ［App Store］をタップ

---

 2 検索画面を表示する

画面下部の［検索］をタップし、検索ボックスをタップします。

1 ［検索］をタップ

2 検索ボックスをタップ

 ヒント **iPad用アプリは用意されていない**

iPhoneユーザーは、アップルのオンラインストアの「App Store」から［Instagram］アプリをダウンロードします。なお、iPadに対応した［Instagram］アプリは用意されていません。iPadでインスタグラムを利用する場合は、iPhone用の［Instagram］アプリを利用するか、Webブラウザでインスタグラムにアクセスします。

[Instagram] アプリを検索する

検索ボックスに「インスタグラム」と入力し、キーボードの「検索」キーをタップして、検索を実行します。

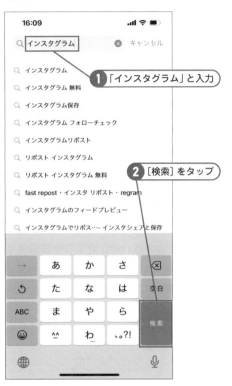

1 「インスタグラム」と入力

2 [検索] をタップ

[入手] ボタンをタップする

検索結果が表示されるので、[Instagram] アプリの [入手] をタップします。

1 [Instagram] の [入手] をタップ

App内課金と表示されているけど…

AppStore や Google Play ストアで [Instagram] アプリの説明を確認すると、「App内課金」と記載されています。これは、公式の認証バッヂを購入したり、広告を配信したりした場合に支払いが発生するためで、投稿やユーザー間のコミュニケーションで料金が発生することはありません。

アプリをダウンロード・インストールする

サイドボタンをダブルクリックすると、顔認証が実行され、アプリのダウンロード／インストールが開始されます。

1 サイドボタンをダブルクリック

[Instagram] アプリがインストールされた

[Instagram] アプリがインストールされ、[ホーム] 画面にアイコンが表示されます。

[Instagram] アプリがインストールされました

[Instagram] アプリをインストールしよう（Android）

1 [Google Play ストア] アプリを起動する

ホーム画面で [Google Play ストア] アプリの
アイコンをタップして、アプリを起動します。な
お、ここでは Pixel 5 での操作を解説します。

① ホーム画面を表示

② [Play ストア] をタップ

2 検索画面を表示する

画面上部の検索ボックスをタップし、検索画面
を表示します。

① 検索ボックスをタップ

📖 メモ　Android のスマホに
アプリをインストールする

Android のスマホの場合、スマホのアプリは、Google
Play ストアからダウンロード、インストールします。
Google Play ストアは、ホーム画面にある [Google
Play ストア] アイコンをタップすると起動できます。

💡 ヒント　Android 版と iOS 版の違い

[Instagram] アプリの Android 版と iOS 版では、ほ
とんど機能に違いはありませんが、ページのレイアウ
トや表示、名称が異なっている部分があります。本書
では、基本的に iOS 版で解説していますが、Android
版とは表示が異なる部分については併記しています。

3 [Instagram] アプリを検索する

「インスタグラム」をキーワードに検索し、検索
結果で [Instagram] をタップします。

① 「インスタグラム」と入力

② 検索結果から [Instagram] をタップ

[Instagram] アプリをインストールする

[Instagram] アプリの説明画面が表示されるので、[インストール] をタップして、アプリをインストールします。

[Instagram] アプリのアイコンが見当たらない

ホーム画面に [Instagram] アプリのアイコンが見当たらない場合は、ホーム画面を上にスワイプすると表示されるアプリの一覧を探します。

 [Instagram] アプリがインストールされました

アプリがインストールされると、ホーム画面にアイコンが表示されます。

Windows版 Instagram アプリをインストールする

インスタグラムには、Windows パソコン用の [Instagram] アプリが用意されています。Windows 版 [Instagram] アプリでは、モバイル版と同様に他のユーザーの写真や動画を閲覧・検索したり、パソコン上の写真や動画を投稿したりすることができます。なお、Windows 版 [Instagram] アプリは、Microsoft ストアからダウンロード、インストールできます。

Key Word Instagram アカウントの作成

21 Instagramアカウントを 作成しよう

 [Instagram] アプリをインストールしたら、次にInstagramアカウントを作成します。Instagramアカウントには、携帯電話番号またはメールアドレスを登録し、固有のユーザーネームで投稿やコメントなどを管理します。

Instagramアカウントを作成する

1 [Instagram] アプリを起動する

ホーム画面の [Instagram] アプリのアイコンをタップします。

2 [新しいアカウントを作成] をタップする

[新しいアカウントを作成] をタップし、アカウント登録画面を表示します。

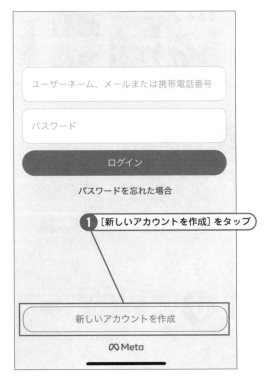

 チェック　**アカウントをメールアドレスで作成する**

　Instagram アカウントは、1つの電話番号またはメールアドレスに対して1つ作成できます。インスタグラムのアカウントを複数運用する場合は、メールアドレスでInstagram アカウントを作成した方がよいでしょう。

メールアドレス登録画面に切り替える

[メールアドレスで登録] をタップして、メールアドレスでの登録画面を表示します。

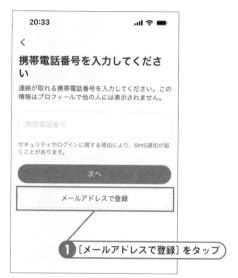

メールアドレスを登録する

アカウントに登録するメールアドレスを入力し、[次へ] をタップします。

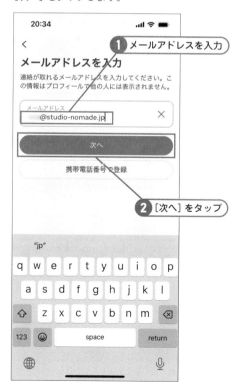

メールアドレスの認証を実行する

メールアドレスに届いた6ケタの認証コードを入力し、[次へ] をタップします。

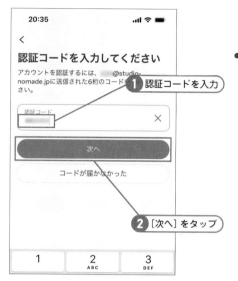

ニックネームを登録する

インスタグラム上に表示されるニックネームを入力し、[次へ] をタップします。

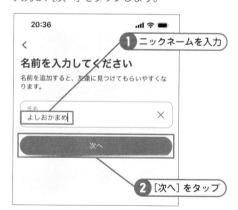

ニックネームは検索を意識しよう

　手順6の図で設定する [名前] は、Instagram上に表示されるニックネームで、本名である必要はありません。全角で30文字まで設定できるため、「ひろき　フォトグラファー」のように、名前にキーワードを書き込み、検索で抽出されやすくすることができます。また、世界中からの訪問を意識してアルファベットで設定しても良いでしょう。

パスワードを登録する

6文字以上の英数字のパスワードを入力し、[次へ]をタップします。

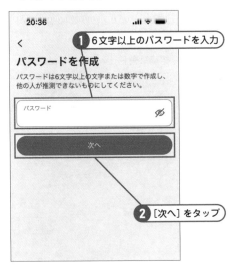

1 6文字以上のパスワードを入力

2 [次へ]をタップ

ログイン情報を保存する

[保存]をタップし、登録したログイン情報を保存します。

1 [保存]をタップ

生年月日を登録する

生年月日を選択し、[次へ]をタップします。

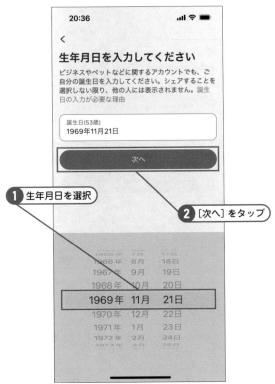

1 生年月日を選択

2 [次へ]をタップ

ユーザーネームを登録する

固有のユーザーネームを英数字で入力し、[次へ]をタップします。

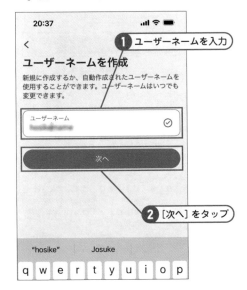

1 ユーザーネームを入力

2 [次へ]をタップ

> **ヒント** ユーザーネームとは
>
> インスタグラムでのユーザーネームは、ログイン時に個人を識別するためのログインIDです。30文字までの半角英数字と「_(アンダーバー)」と「.(ピリオド)」を使うことができ、固有の名前を設定します。

利用規約に同意する

リンクをタップして利用規約やプライバシーポリシーなどを確認し、[同意する] をタップします。

1 利用規約などの内容を確認

‹

Instagramの利用規約とポリシーに同意する

サービスの利用者があなたの連絡先情報をInstagramにアップロードしている場合があります。詳しくはこちら

[同意する]をタップすることで、アカウントの作成と、Instagramの規約、プライバシーポリシー、Cookieポリシーに同意するものとします。

プライバシーポリシーに、アカウントが作成された際にMetaが取得する情報の利用方法が記載されています。この情報は例えば、Meta製品の提供、パーソナライズ、改善などに利用され、これには広告も含まれます。

同意する

2 [同意する] をタップ

[写真を追加] 画面を表示する

[写真を追加] をタップし、[写真を追加] 画面を表示します。

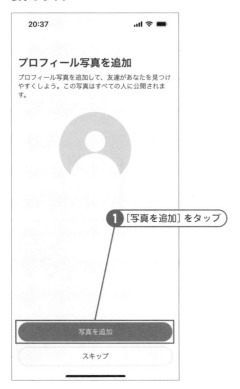

20:37

プロフィール写真を追加

プロフィール写真を追加して、友達があなたを見つけやすくしよう。この写真はすべての人に公開されます。

1 [写真を追加] をタップ

写真を追加

スキップ

カメラを起動する

[写真を撮る] をタップし、カメラを起動します。既存の写真を設定するときは、コラムを参照します。

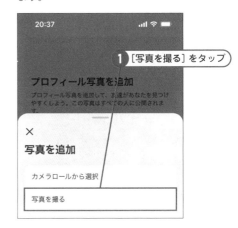

20:37

1 [写真を撮る] をタップ

プロフィール写真を追加

プロフィール写真を追加して、お達があなたを見つけやすくしよう。この写真はすべての人に公開されます。

✕

写真を追加

カメラロールから選択

写真を撮る

 メモ

既存の写真をプロフィール写真に設定する

既存の写真をプロフィール写真に設定するには、手順13の図で [カメラロールから選択] をタップすると、[写真] アプリに保存されている写真一覧が表示されるので、目的の写真を選択します。

写真を撮影する

[シャッター] ボタンをタップして、撮影します。

1 [シャッター] をタップ

キャンセル

プロフィール写真を確定する

[写真を使用] をタップして、プロフィール写真を確定します。なお、撮り直す場合は、[再撮影] をタップします。

1 [写真を使用] をタップ

再撮影 　　　　　写真を使用

プロフィール写真の設定を終了する

[完了] をタップして、プロフィール写真の設定を終了します。

1 [完了] をタップ

この写真を投稿としてシェア

友達から「いいね！」やコメントをもらえるように、この写真を最初の投稿にしよう。

完了

写真を変更

メモ [連絡先] と連携させる

　手順18の図で [次へ] をタップすると、インスタグラムと [連絡先] を連携させることができます。[連絡先] と連携させると、[連絡先] からインスタグラムのユーザーを抽出し、一覧で表示させることができます。

Instagramアカウントが作成された

Instagramアカウントが作成されました。

20:39

Instagram

Instagramアカウントが作成された

Instagramへようこそ！

エクスペリエンスのカスタマイズを始めましょう

[連絡先] と連携させる

[連絡先] と連携する場合は、[次へ] をタップします。[連絡先] と連携しないときは、[スキップ] をタップします。

20:39

次に、友達を見つけられるように連絡先を同期できます

Instagramによる連絡先へのアクセスを許可すると、知り合いを見つけたり、知り合いに見つけてもらったりしやすくなり、あなたが関心を持ちそうなもののおすすめが表示されやすくなり、サービスの向上に役立ちます。

1 [次へ] をタップ

Instagramによる連絡先へのアクセスを許可した場合、連絡先は定期的に同期され、当社のサーバーに保存されます。同期は[設定]からいつでもオフにできます。詳しくはこちら

次へ

スキップ

［連絡先］との連携を許諾する

［OK］をタップして［連絡先］との連携を許諾します。

"Instagram"が連絡先へのアクセスを求めています

Instagramでは、あなたが関心あるものとのつながりやすくするため、よりービスを提供するために連絡先が利用されます。連絡先は同期され、Instagramのサーバーに安全に保管されます。

| 許可しない | OK |

1 ［OK］をタップ

Facebookの友達検索の実行を選択する

続けてFacebookでの友達検索を促す画面が表示されますが、ここでは［スキップ］をタップします。

11:30

Facebookのおすすめを見る

アカウントセンターを利用してFacebookでの知り合いを見つけることができます。

1 ［スキップ］をタップ

次へ

スキップ

Facebookの友達を検索する

手順20の図で［次へ］をタップし、表示される画面に従ってInstagramアカウントとFacebookアカウントを連携させると、Facebookを利用している友達でインスタグラムも利用している友達を検索できます。なお、Facebookとの連携については、3章Section22を参照してください。

フォローする人を選択する

友達やユーザーの一覧が表示されるので、ノォローーしたい相手の［フォロー］をタップし、［次へ］をタップします。

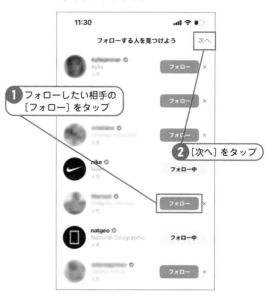

11:30

フォローする人を見つけよう

次へ

Kylie
人気

フォロー ×

フォロー ×

フォロー ×

nike
Nike
人気

フォロー中

1 フォローしたい相手の［フォロー］をタップ

フォロー ×

2 ［次へ］をタップ

natgeo
National Geographic
人気

フォロー中

フォロー ×
人気

Instagramを利用する準備が整った

Instagramを利用する準備が整いました。

12:26

Instagram

ストーリーズ　natgeo

natgeo

What's the best skin-care routine for most people? It's surprisingly simple.

いいね！75,540件
natgeo With an ever-growing list of skincare products with buzzy ingredients, it can be hard to... 続きを読む

アカウントを追加する

アカウントの追加画面を表示する

［プロフィール］をタップし、自分のプロフィール画面を表示して、ユーザーネームをタップします。

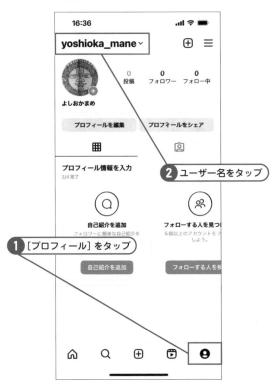

ユーザーネームの設定画面を表示する

［アカウントを追加］をタップして、アカウント作成画面を表示します。

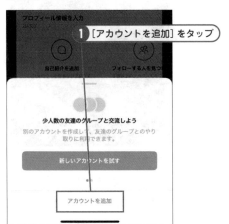

ユーザーネームを登録する

ユーザーネームを入力し、［次へ］をタップします。

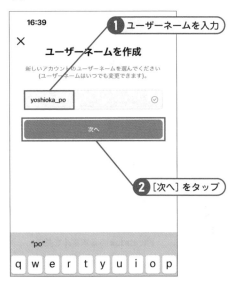

パスワードを登録する

パスワードを入力し、［次へ］をタップします。

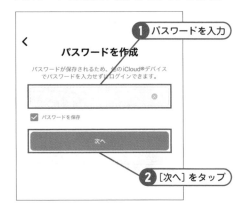

複数のアカウントを運用する

インスタグラムでは、複数のアカウントを運用することができます。複数のアカウントに同じ画像や動画を一度の操作で投稿することができ、目的の異なるアカウントを効率よく活用できます。なお、1つのメインアカウントに紐づけられるサブアカウントは最大4つまでです。

⑤ アカウントが追加された

［登録を完了］をタップして、アカウントの追加
を終了します。

① ［登録を完了］をタップ

**yoshioka_po、Instagramへ
ようこそ！**

yoshioka_mane の電話番号を yoshioka_po に追加し
ました。連絡先情報とユーザーネームはいつでも変更
できます。

登録を完了

新しい携帯電話またはメールアドレスを追加

アカウントが追加されます

アカウントを切り替える

① アカウントの一覧を表示する

画面下部で［プロフィール］をタップし、表示さ
れる画面でユーザーネームをタップします。

yoshioka_mane ∨

② ユーザーネームをタップ

① ［プロフィール］をタップ

② アカウントを切り替える

アカウントの一覧が表示されるので、目的のア
カウントをタップします。

① 目的のアカウントをタップ

③ アカウントが切り替わった

アカウントが切り替わりました。

Facebookとの連携

22 インスタグラムとFacebook のアカウントを関連付ける

Facebookを利用しているユーザーは、Facebookのアカウントをインスタグラムの アカウントと関連付けて利用することができます。インスタグラムへの投稿を Facebookにも投稿したり、友達を簡単に探せたりして便利です。

インスタグラムのアカウントとFacebookを関連付ける

 メニューを表示する

画面下部で [プロフィール] をタップし、表示される画面で右上の3本の線のアイコン☰をタップします。

① [プロフィール] をタップ

② 3本の線のアイコン☰をタップ

 [設定とプライバシー] 画面を表示する

[設定とプライバシー] をタップします。

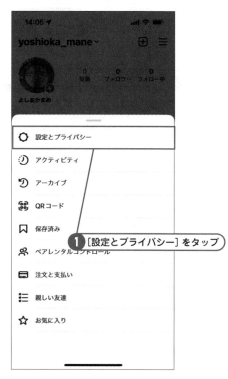

① [設定とプライバシー] をタップ

 メモ **インスタグラムとFacebookを関連付ける**

インスタグラムやFacebook、WhatsAppは、同じMeta Platforms, Inc.（メタ・プラットフォームズ／通称Meta）傘下の企業です。Metaは、傘下のサービスが連携できるように、「アカウントセンター」を用意しています。Facebookとインスタグラムを連携させるには、アカウントセンターにインスタグラムとFacebookのアカウントを追加します。

アカウントセンターを表示する

[アカウントセンター] をタップし、アカウント
センターを表示します。

1 [アカウントセンター] をタップ

[他のアカウントを追加] をタップする

[他のアカウントを追加] をタップします。

1 [他のアカウントを追加] をタップ

⚠️ チェック　アカウントセンターとは

「アカウントセンター」は、Facebookアカウントや
Instagramアカウント、Metaアカウントなどのアカウ
ントを管理する機能です。アカウントセンターに、アカ
ウントを登録すると、アプリ間でプロフィールや連絡
先の情報を共有したり、投稿をシェアしたりすること
ができます。

Facebookのアカウントを追加する

[Facebookアカウントを追加] をタップしま
す。

1 [Facebookアカウントを追加] をタップ

Facebookアカウントへのアクセスを許諾する

[次へ] をタップし、Facebookアカウントへの
アクセスを許諾します。

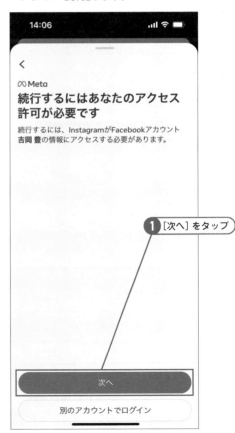

1 [次へ] をタップ

アカウントセンターへのアカウント追加を確認する

アカウントセンターにアカウントを追加する内容を確認して、[次へ] をタップします。

1 [次へ] をタップ

アカウントセンターにアカウントを追加する

アカウントセンターの目的や機能などの説明を確認し、[はい、(ユーザーネーム) を追加します] をタップします。

1 内容を確認

2 [はい、(ユーザーネーム) を追加します] をタップ

アカウントセンターにInstagramのアカウントが追加された

MetaのアカウントセンターにInstagramアカウントが追加されます。

インスタグラムへの投稿を Facebookにもシェアする

メニューを表示する

画面下部で [プロフィール] をタップし、表示される画面で右上の3本の線のアイコン☰をタップします。

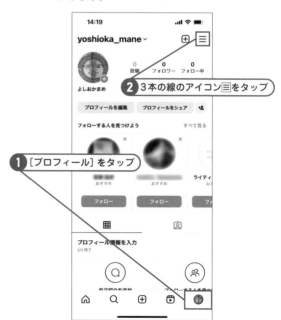

2 3本の線のアイコン☰をタップ

1 [プロフィール] をタップ

② [設定とプライバシー]画面を表示する

[設定とプライバシー]をタップします。

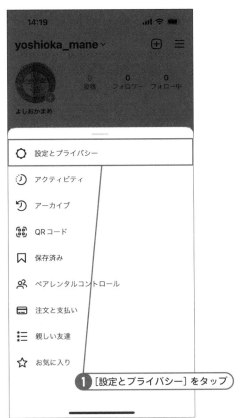

1 [設定とプライバシー]をタップ

③ アカウントセンターを表示する

[アカウントセンター]をタップし、アカウントセンターを表示します。

1 [アカウントセンター]をタップ

④ [コネクテッドエクスペリエンス]画面を表示する

[コネクテッドエクスペリエンス]をタップします。

1 [コネクテッドエクスペリエンス]をタップ

⑤ プロフィール間のシェアの設定画面を表示する

[プロフィール間のシェア]をタップし、投稿のシェアの設定画面を表示します。

1 [プロフィール間のシェア]をタップ

⚠チェック コネクテッドエクスペリエンスとは？

アカウントセンターを介して、インスタグラムやFacebookなどのMeta傘下のアプリが連携され、それらの機能を横断的に利用できることを「コネクテッドエクスペリエンス」といいます。具体的には、インスタグラムの投稿を同時にFacebookに投稿したり、Facebookユーザーでインスタグラムユーザーでもあるユーザーを紹介したりすることができます。

3

インスタグラムを楽しめるように設定しよう

シェア元のアカウントを選択する

アカウントの一覧からシェア元となるアカウントをタップします。

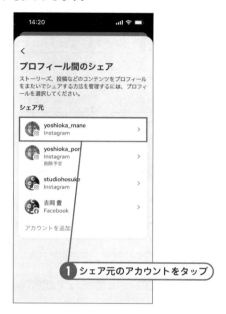

① シェア元のアカウントをタップ

シェアする投稿の種類を指定する

[シェア先] にFacebookのアカウントが設定されているのを確認し、[Instagramストーリーズ]、[Instagram投稿] をオンにして、[Instagramのリール動画] の [設定] をタップします。

① Facebookのアカウントを確認

② これらをオンにする

③ [設定] をタップ

リール動画のシェアを許可する

動画のシェアに関する設定や注意点を確認し、[許可する] をタップして、リール動画のシェアを許諾します。

① 内容を確認

② [許可する] をタップ

Facebookへの投稿のシェアが設定された

Facebookへのシェアが設定されます。

投稿単位でFacebookへのシェアを設定するには?

この手順に従うと、インスタグラムへの投稿が常にFacebookにシェアされます。投稿ごとにFacebookへのシェアを設定したい場合は、この手順の設定は行わずに、投稿を作成する際にFacebookへのシェアをオンにします（5章Section01参照）。

Key Word プロフィールの編集

23 プロフィールを編集してみよう

アカウントを作成したら、プロフィールを編集しましょう。名前や自己紹介文にアピールしたいキーワードを書き込んだり、キーワードや希望をタグで設定したりすると、他のユーザーとの交流のきっかけになります。

プロフィールを編集する

1 [プロフィールを編集] 画面を表示する

画面下部の [プロフィール] をタップしてプロフィール画面を表示し、[プロフィールを編集] をタップします。

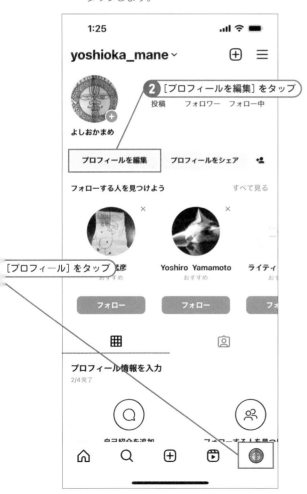

[プロフィール] をタップ

2 [プロフィールを編集] をタップ

2 名前の編集画面を表示する

[名前] をタップして、名前の編集画面を表示します。

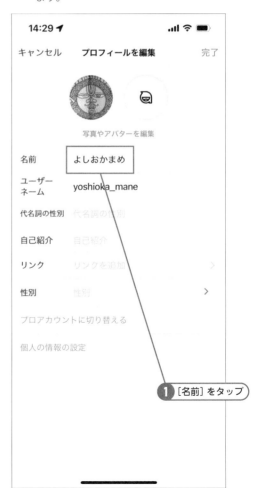

1 [名前] をタップ

③ 名前を編集する

名前を編集し、[完了] をタップして、[プロフィールを編集] 画面に戻ります。

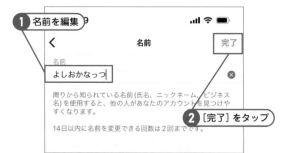

① 名前を編集

名前
よしおかなっつ

周りから知られている名前(氏名、ニックネーム、ビジネス名)を使用すると、他の人があなたのアカウントを見つけやすくなります。

14日以内に名前を変更できる回数は2回までです。

② [完了] をタップ

ヒント　名前を変更する

インスタグラムでいう「名前」は、ニックネームで、変更することができます。普段から呼ばれているニックネームやビジネスネーム、キーワードを書き込んだ名前などにすると、他のユーザーに見つけてもらいやすくなります。なお、名前の変更は、14日以内に2回までなので注意が必要です。

④ ユーザーネームの編集画面を表示する

[ユーザーネーム] をタップして、ユーザーネームの編集画面を表示します。

14:29

キャンセル　プロフィールを編集　完了

写真やアバターを編集

名前　　　よしおかなっつ
ユーザー
ネーム　　yoshioka_mane
代名詞の性別　代名詞の性別
自己紹介　自己紹介
リンク　　リンクを追加

① [ユーザーネーム] をタップ

性別　　　性別　　　　　　　　>

プロアカウントに切り替える

個人の情報の設定

⑤ ユーザーネームを編集する

ユーザーネームを編集し、[完了] をタップします。

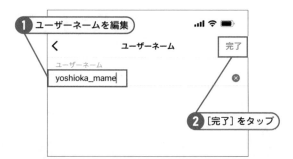

① ユーザーネームを編集

ユーザーネーム
yoshioka_mame

② [完了] をタップ

⑥ [代名詞の性別] 画面を表示する

[代名詞の性別] をタップして、代名詞の性別の編集画面を表示します。

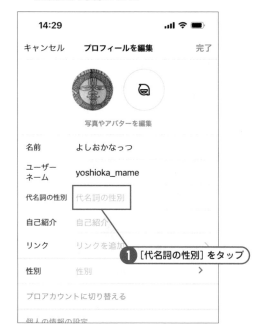

14:29

キャンセル　プロフィールを編集　完了

写真やアバターを編集

名前　　　よしおかなっつ
ユーザー
ネーム　　yoshioka_mame
代名詞の性別　代名詞の性別
自己紹介　自己紹介
リンク　　リンクを追加

① [代名詞の性別] をタップ

性別　　　性別　　　　　　　　>

プロアカウントに切り替える

個人の情報の設定

チェック　代名詞の性別とは

プロフィールでは、自認する性を [代名詞の性別] で表現することができます。生まれつきの姓と性自認が一致する人も含めて、代名詞の性別を記載する人が増えています。自身の性自認/性表現が女性の人の場合は「she/her」、男性の場合は「he/him」、男性/女性の枠に当てはまらないノンバイナリーの人は「they/them」を設定します。

7 代名詞の性別を指定する

言語を選択し、該当する代名詞の一部を入力し、一覧から目的の代名詞をタップします。

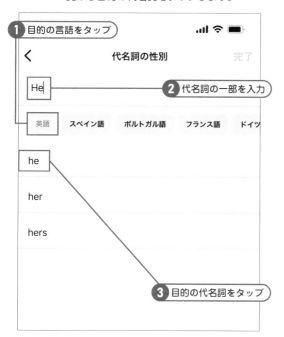

① 目的の言語をタップ

代名詞の性別

He

② 代名詞の一部を入力

英語　スペイン語　ポルトガル語　フランス語　ドイツ

he

her

hers

③ 目的の代名詞をタップ

8 代名詞の性別の設定を完了する

[完了] をタップして、代名詞の性別の設定を完了します。[フォロワーのみに表示] をオンにすると、代名詞の性別がフォロワーにのみ開示されます。

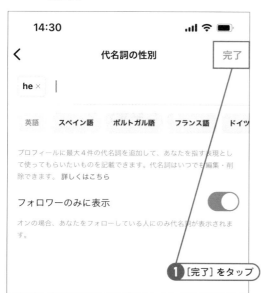

14:30

代名詞の性別　　完了

he ×

英語　スペイン語　ポルトガル語　フランス語　ドイツ

プロフィールに最大4件の代名詞を追加して、あなたを指す表現として使ってもらいたいものを記載できます。代名詞はいつでも編集・削除できます。詳しくはこちら

フォロワーのみに表示

オンの場合、あなたをフォローしている人にのみ代名詞が表示されます。

① [完了] をタップ

9 自己紹介編集画面を表示する

[自己紹介] をタップし、自己紹介の編集画面を表示します。

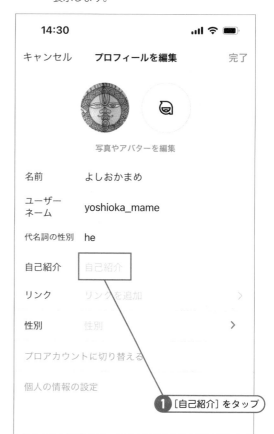

14:30

キャンセル　　プロフィールを編集　　完了

写真やアバターを編集

名前　　　よしおかまめ

ユーザーネーム　yoshioka_mame

代名詞の性別　he

自己紹介　　自己紹介

リンク　　　リンクを追加　　　＞

性別　　　　性別　　　　　　　＞

プロアカウントに切り替える

個人の情報の設定

① [自己紹介] をタップ

10 自己紹介文を入力する

自己紹介文を入力します。

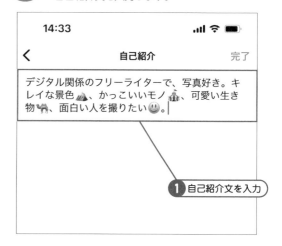

14:33

自己紹介　　完了

デジタル関係のフリーライターで、写真好き。キレイな景色🏔、かっこいいモノ🏯、可愛い生き物🐪、面白い人を撮りたい😃。

① 自己紹介文を入力

タグを入力する

「#（ハッシュ）」を入力して、キーワードを入力し、タグを設定します。[完了] をタップして、自己紹介文の編集を終了します。

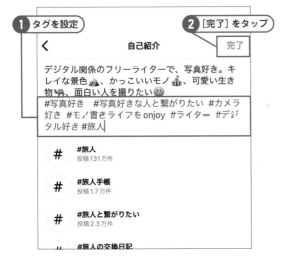

① タグを設定

② [完了] をタップ

 [リンク] 画面を表示する

[リンクを追加] をタップし、リンクの編集画面を表示します。

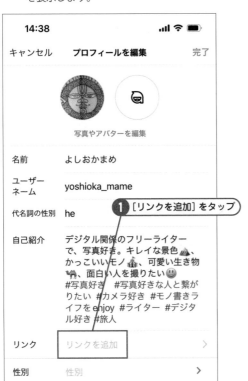

① [リンクを追加] をタップ

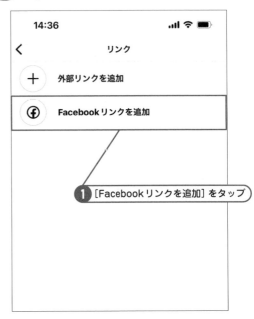 **[Facebookリンクを追加] をタップする**

[Facebookリンクを追加] をタップします。

① [Facebookリンクを追加] をタップ

 Facebookのアカウントを追加する

[リンクを追加] をタップして、Facebookのアカウントをアカウントセンターに追加します。

FacebookのリンクをInstagramの自己紹介に追加しますか？

あなたのFacebook ① [リンクを追加] をタップ ンクはInstagramを利用しているすべての人に公開されます。これは[設定]でいつでも削除できます。

リンクを追加

キャンセル

① [リンクを追加] をタップ

外部リンクの追加画面を表示する

[外部リンクを追加] をタップし、外部リンクの
編集画面を表示します。

1 [外部リンクを追加] をタップ

ホームページの情報を登録する

ホームページのURLとタイトルを入力し、リン
クを設定します。

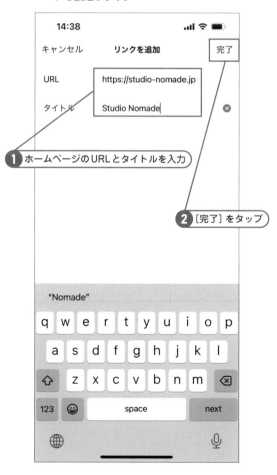

1 ホームページの URL とタイトルを入力

2 [完了] をタップ

[プロフィールを編集] 画面に戻る

[<] をタップして、[プロフィールを編集] 画面
に戻ります。

1 [<] をタップ

 ホームページへのリンクを設置しておこう

プロフィール画面には、Facebook以外にホームペー
ジや他のSNSなどへのリンクを設置することができ
ます。リンクを設置することで、ユーザー同士の交流
やビジネスのきっかけになることもあります。

性別の設定画面を表示する

[性別] をタップして、性別の設定画面を表示し
ます。

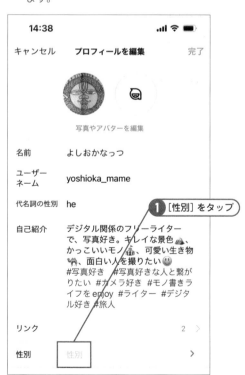

1 [性別] をタップ

性別を設定する

該当する性別をタップし、[完了] をタップします。

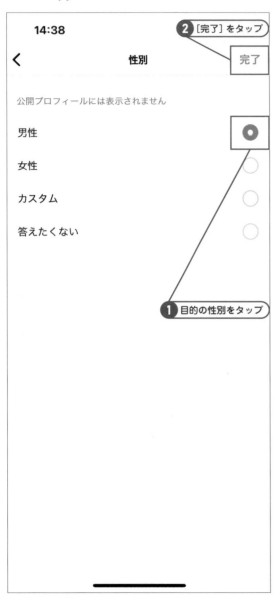

2 [完了] をタップ

14:38

〈 　　　性別　　　完了

公開プロフィールには表示されません

男性　　　　　　　　　　　　　◉

女性　　　　　　　　　　　　　○

カスタム　　　　　　　　　　　○

答えたくない　　　　　　　　　○

1 目的の性別をタップ

プロフィールの編集を完了する

[完了] をタップして、プロフィールの編集を完了します。

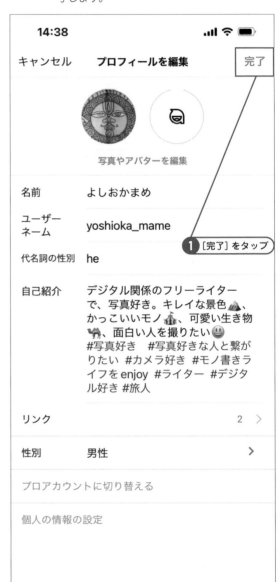

14:38

キャンセル　　プロフィールを編集　　完了

写真やアバターを編集

名前　　　　よしおかまめ

ユーザー　　yoshioka_mame
ネーム

1 [完了] をタップ

代名詞の性別　he

自己紹介　　デジタル関係のフリーライター
で、写真好き。キレイな景色🏔、
かっこいいモノ⛺、可愛い生き物
🐫、面白い人を撮りたい😃
#写真好き　#写真好きな人と繋が
りたい #カメラ好き #モノ書きラ
イフを enjoy #ライター #デジタ
ル好き #旅人

リンク　　　　　　　　　　　2 〉

性別　　　　男性　　　　　　　　〉

プロアカウントに切り替える

個人の情報の設定

4章

インスタグラムで友だちと
つながろう

インスタグラムを使う準備ができたら、さっそく友だち
を作ってみましょう。インスタグラムでは、［連絡先］
アプリや Facebook に登録されている友だちからイン
スタグラムを利用しているユーザーを探せるため、かん
たんにつながりを作ることができます。また、キーワー
ドやタグ、気に入った写真から友だちを探すなど、さま
ざまな方法で他のユーザーとつながることができます。

Key Word ［連絡先］との連携

24 連絡先アプリから友だちを探してフォローしてみよう

 インスタグラムでは、［連絡先］アプリに載っている友だちの中から、インスタグラムユーザーを探し出して一覧表示できます。まずは、実際に関係のある友だちとつながってみましょう。

連絡先との連携を設定する

① ［プロフィール］画面を表示する

画面下部で［プロフィール］をタップし、［プロフィール］画面を表示します。

① ［プロフィール］をタップ

② ［フォロー中］の一覧を表示する

［フォロー中］をタップします。

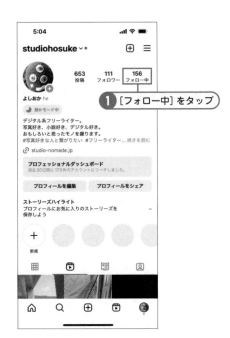

① ［フォロー中］をタップ

 メモ 連絡先と連携させる

インスタグラムと［連絡先］を連携させると、［連絡先］に登録されていて、インスタグラムユーザーでもある友だちを抽出し、［フォローする人を見つけよう］のリストに提示させることができます。すでにつながりのある友だちから、インスタグラムでの友だちを簡単に見つけられて便利です。

連絡先の一覧を表示する

[連絡先をリンク] の右にある [同期] をタップし、[連絡先] との連携を設定します。

インスタグラムと [連絡先] が連携された

インスタグラムと [連絡先] が連携されます。

[連絡先] へのアクセスを許諾する

[次へ] をタップすると、[連絡先] へのアクセスを求める画面が表示されるので [OK] をタップします。

 メモ [連絡先] との連携を解除する

[連絡先] との連携を解除するには、画面下部で [プロフィール] をタップし、右上の3本線のアイコンをタップして、表示されるメニューで [設定とプライバシー] タップし、[アカウントセンター] をタップします。[アカウント設定] にある [あなたの情報とアクセス許可] をタップし、[連絡先をアップロード] をタップして、目的のアカウントをタップし、[連絡先をリンク] をオフにします。

13:45

<**連絡先の同期**

連絡先をリンク

あなたの連絡先は同期され、安全に保存されます。これにより Instagram で知り合いとつながったり、関心のあるものについておすすめを受け取ったりしてサービス体験を改善できます。フォローする連絡先は選ぶことができ、いつでもリンクを解除して同期を停止できます。詳しくはこちら。

インスタグラムで友だちとつながろう

4

［フォローする人を見つけよう］リストで友だちを探そう

［フォロー中］リストを表示する

［プロフィール］画面を表示し、［フォロー中］をタップして、［フォロー中］のリストを表示します。

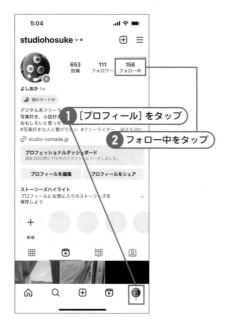

友だちをフォローする

目的の友だちの［フォロー］をタップします。

 チェック **ユーザーをフォローする**

「フォロー」とは、「あなたの投稿が気に入ったのでファンになりました」と表明することです。特定のユーザーをフォローすると、そのユーザーの投稿が自分のタイムラインに表示されるようになります。なお、フォローすると、フォローしたことが相手に通知されます。

友だちのフォローが完了

これで友達のフォローが確定します

［フォローする人を見つけよう］のリストを表示する

［フォロー中］リストが表示されるので、最下部にある［おすすめをすべて見る］をタップします。

友だちのフォローを解除する

フォローしている友だちのリストを表示する

画面下部の [プロフィール] をタップし、表示される画面で [フォロー中] をタップします。

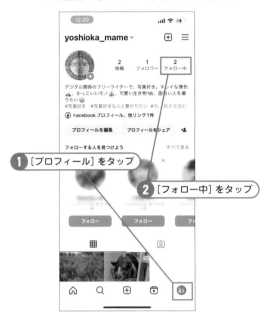

1 [プロフィール] をタップ

2 [フォロー中] をタップ

メモ フォロー解除は通知されない

友だちのフォローを解除しても、その相手にはフォロー解除の通知はありません。ただし、相手のフォロワーリストから、自分の名前が消えるため気付かれる場合もあります。また、24時間に100人以上のユーザーのフォローを解除すると、機能停止やアカウント凍結になる可能性もあるため注意しましょう。

友だちのフォローを解除する

フォローを解除する友だちの [フォロー中] をタップします

1 目的の相手の [フォロー中] をタップ

フォローが解除された

フォローが解除され、[フォロー中] の表示が [フォロー] に切り替わります。

友だちのフォローが解除されました

Key Word 〉 フォロー・フォロワーの管理

25 フォロー・フォロワーのリストを確認しよう

[プロフィール] 画面には、フォローしているユーザーとフォロワーを確認できるリストが用意されています。これらのリストでは、フォローの追加や解除、フォロワーの管理を行います。ユーザーと楽しく交流して、フォロワーを増やしていきましょう。

フォローしてくれたユーザーをフォローバックしよう

1 フォロワーリストを表示する

画面下部で [プロフィール] をタップし、[フォロワー] をタップしてフォロワーのリストを表示します。

1 [プロフィール] をタップ

2 [フォロワー] をタップ

2 フォローバックしていないアカウントを確認する

フォロワーのリストが表示されます。[フォロー] が表示されていないアカウントはフォローバックしていないユーザーです。

1 [フォロー] と表示されたアカウントを確認

 チェック **フォロワーの人数について**

「フォロワー」の人数が、人気度の目安のようになっていますが、必ずしも現実を反映している数字ではないというのが常識です。特にビジネスアカウントにおいては、キャンペーン等で一時的に増えただけというのが多いので一つの判断材料に過ぎないと考えた方がいいでしょう。

 メモ **フォロワーとは**

「フォロワー」とは、自分をフォローしてくれているユーザーのことです。投稿の際にタグを設置したり、テーマを決めて投稿したりすると、注目を集めやすくフォロワーの増加につながりやすいでしょう。

相手のプロフィールを表示する

目的のユーザーネームをタップします。

1 目的のユーザーネームをタップ

 メモ **フォローバックしよう**

インスタグラムでは、比較的フォローへのハードルが低く、多くのユーザーが「投稿している写真が気に入った」くらいの気持ちでフォローします。知らないユーザーからのフォローが気にならないなら、気軽にフォローバックしても良いでしょう。

 相手をフォローバックする

目的の相手の［プロフィール］画面が表示されるので、内容を確認し［フォローバックする］をタップします。

1 プロフィールの内容を確認

2 ［フォローバックする］をタップ

 ユーザーのフォローが設定された

ユーザーがフォローされました。

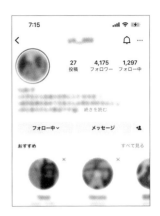

フォロワーを削除する

 フォロワーリストを表示する

画面下部で［プロフィール］をタップし、［プロフィール］画面を表示して、［フォロー中］をタップします。

1 ［プロフィール］をタップ

2 ［フォロー中］をタップ

4

インスタグラムで友だちとつながろう

［削除］をタップする

目的のアカウントの［削除］をタップします。

1 ［削除］をタップ

フォロワーが削除された

フォロワーが削除されます。

削除されました

フォロワーを削除する

フォロワー削除の確認画面が表示されるので
［削除］をタップすると、目的のフォロワーが削
除されます。

フォロワーを削除しますか？
フォロワーから削除されたことは、○○○○○○に通
知されません。

削除　　　**1** ［削除］をタップ

キャンセル

チェック　**フォロワーを削除したら何が起こる？**

この手順に従ってフォロワーを削除しても、相手に通
知されませんが、フォロワーを削除した際に起こるこ
とを知っておいたほうがよいでしょう。フォロワーを
削除した側をAさん、削除された側をBさんとしたと
き、Aさんのフォロワーリストからといっさんが削除され、
AさんによるBさんへのフォローは解除されますが、B
さんからAさんへのフォローは解除されません。また、
Bさんのタイムラインにといっさんの投稿やストーリーが
表示されなくなります。

フォロワー解除した　　　　フォロワー解除された
Aさん　　　　　　　　　　Bさん

- Bさんがフォロワーリストから削除される
- 相互フォローの場合、BさんからAさんへのフォロー
  は解除されない
- Aさんの投稿がBさんのタイムラインに表示されな
  くなる
- 削除後AさんがDMを送ると、Bさんにメッセージリ
  クエストが送られる

フォローを解除せずに相手の投稿を非表示にする

 [フォロー中] リストを表示する

画面下部で [プロフィール] をタップして [プロフィール] 画面を表示し、[フォロー中] をタップします。

1 [プロフィール] をタップ

2 [フォロー中] をタップ

 ⚠️ チェック **ミュートとは**

「ミュート」は、相手をフォローしたまま、相手の投稿やストーリーを非表示にできる機能です。ミュートを設定しても相手に通知されないため、相手に知られないように、適度な距離をとることができて便利です。

 メニューを表示する

[フォロー中] リストが表示されるので、目的の相手の3つの点のアイコン … をタップしメニューを表示します。

1 目的の相手の … をタップ

 目的の相手をミュートする

[ミュート] をタップします。

1 [ミュート] をタップ

 ミュートの対象を設定する

ミュートする対象をオンにします。ここでは、[投稿] をミュートします。

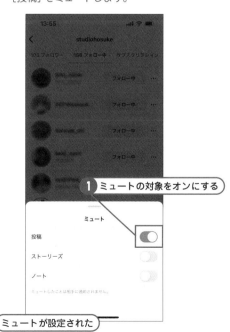

1 ミュートの対象をオンにする

ミュートが設定された

Key Word　友だちの検索

26 ［発見］画面で新しい 友だちを探してみよう

［発見］画面では、キーワードやユーザーネームに該当するユーザーや写真を検索できます。検索結果の画面では、検索結果を［アカウント］や［音声］、［タグ］などのカテゴリで表示することもできます。検索機能を利用して、友だちや写真を見つけてみましょう。

ユーザーネームで友だちを検索する

1 ［発見］画面を表示する

画面下部の［発見］をタップして、［発見］画面を表示します。

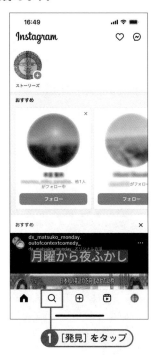

1 ［発見］をタップ

2 検索ボックスをタップする

検索ボックスをタップします。

1 検索ボックスをタップ

 チェック　インスタグラムのキーワード検索

インスタグラムでは、2021年後半より、GoogleやYahoo! JAPANと同じように自由なキーワードで検索できるようになりました。それまでは、ユーザーネーム、位置情報、ハッシュタグによる検索しかできませんでした。キーワード検索では、日本語による複数のキーワードで検索すると、ユーザーネーム、アカウント名、自己紹介文、ハッシュタグなどと照合し適切な検索結果を表示できます。

キーワードで検索する

目的のキーワードで検索を実行し、検索結果で
［アカウント］を選択して、目的のアカウントを
タップします。

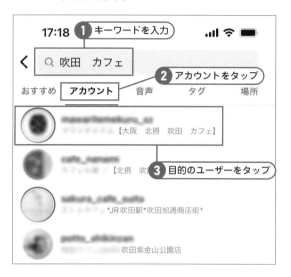

 ## ユーザーをフォローする

目的のユーザーのプロフィールが表示されるの
で、［フォロー］をタップします。

 ## ユーザーがフォローされた

ユーザーがフォローされました

 ## 検索結果をカテゴリで表示できる

検索を実行すると、［おすすめ］タブにインスタグラ
ムがおすすめする投稿のリストが表示されます。［お
すすめ］、［アカウント］、［リール］、［音源］、［タグ］、［場
所］などのタブを切り替えることで、タブ名に該当す
る検索結果を表示させることができます。

27 ハッシュタグを使って 友だちを探してみよう

ハッシュタグは、カテゴリや場所など、写真に関するキーワードです。ハッシュタグが設定されている写真は、ハッシュタグをキーワードにした検索結果に表示されます。ハッシュタグを使って自由に写真や動画検索しよう。

ハッシュタグとは

「ハッシュタグ」は、投稿に付けるキーワードのことで、投稿時にキーワードの先頭に「#（ハッシュ）」を付けて入力します。多くの場合、投稿に関するカテゴリやキーワードなどを設定します。また、ハッシュタグを設定しておくと、指定したキーワードで検索を実行した場合に、その投稿が検索結果に表示されるようになります。

ハッシュタグに「路面電車」を設定すると、「路面電車」をキーワードにした検索結果にこの投稿が表示されます

写真をキーワードで検索しよう

[発見] 画面を表示する

画面下部の [発見] をタップし、[発見] 画面を表示します。

1 [発見] をタップ

メモ　ハッシュタグ検索のコツ

ハッシュタグをキーワードに検索する場合は、目的の写真について、できるだけ特長的な単語をキーワードに設定すると良いでしょう。一般的なカテゴリをキーワードに検索すると、非常に多くの写真が表示されてしまいます。すばやく写真を探せるように、キーワードをよく考えて検索してみましょう。

検索ボックスをタップする

検索ボックスをタップします。

1 検索ボックスをタップ

キーワードで検索する

キーワードを入力し、[検索] キーをタップして検索を実行します。

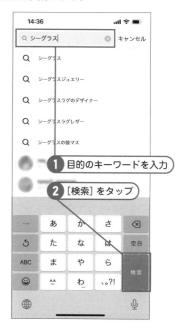

1 目的のキーワードを入力

2 [検索] をタップ

タグの検索結果だけを表示する

[タグ] をタップし、タグの検索結果のみを表示します。

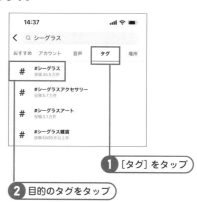

1 [タグ] をタップ

2 目的のタグをタップ

写真を選択する

選択したタグが付けられた写真のリストが表示されるので、目的の写真をタップします。

> 1 目的の写真をタップ

写真が表示された

目的の写真が表示されます。写真が気に入ったら「いいね！」を送ったり、フォローしたりして交流を楽しみましょう

> 写真が表示された

ヒント **気になるハッシュタグをタップしてみよう**

ハッシュタグによる検索は、目的のハッシュタグをタップすることでも行えます。お気に入りの写真に設定されたハッシュタグをタップし、似たような写真を探してみましょう。

ハッシュタグをタップしてお気に入りの写真を探してみよう

1 **ハッシュタグをタップする**

画面のハッシュタグをタップします

> 1 目的のハッシュタグをタップ

> ここでは「#満月」をタップします

2 **目的の写真をタップする**

表示された写真の中から目的の写真をタップします

> ハッシュタグに「#満月」が設定された写真が一覧で表示されます

> 1 目的の写真をタップ

写真が表示された

タップした写真が表示されました

人気投稿
#満月

フォロー ・・・

目的の写真が表示されました

ハッシュタグをフォローしてみよう

目的のタグの画面を表示する

[発見] 画面で目的のキーワードで検索を実行し、検索結果で [タグ] をタップして、目的のタグをタップします。

Q 路面電車

アカウント　リール動画　音声　**タグ**　場所

#路面電車
投稿25.4万件
1 ここをタップ

#路面電車が走る街
投稿1.7万件
2 目的のタグをタップ

#路面電車のある風景
投稿2.2万件

#路面電車の街
投稿5000件以上件

タグをフォローする

目的のタグの画面が表示されるので、[フォロー] をタップしタグをフォローします。

#路面電車 ・・・

投稿**25.4万件**
フォロー
毎週人気の投稿を表示します

人気の投稿　　　　　　　フィルター

1 [フォロー] をタップ

タグがフォローされた

タグがフォローされ、このタグが付けられた投稿がタイムラインに表示されます。

#路面電車 ・・・

投稿**25.4万件**
フォロー中
毎週人気の投稿を表示します

人気の投稿　　　　　　　フィルター

⚠ チェック　ハッシュタグをフォローしよう

投稿に付けられたハッシュタグは、フォローすることができます。ハッシュタグをフォローすると、そのタグが付けられた投稿がタイムラインに表示されます。ただ、ハッシュタグの内容によっては、そのタグの投稿が大量に表示され、他の投稿が埋もれてしまう可能性があります。なお、フォローしたハッシュタグは、[プロフィール] 画面で、[フォロー中] をタップし [フォロー中] リストを表示して、[ハッシュタグ、クリエイター、ビジネス] → [ハッシュタグ] をタップすると表示できます。

Key Word 地図検索機能

28 現在地に近いショップや スポットを探してみよう

インスタグラムでは、GPS情報を利用した地図検索機能が用意されています。現在地を中心にカフェやショップ、観光スポットなどを検索できます。また、他のユーザーの投稿に登録された位置情報をタップして、地図上でその場所を確認できます。

現在地周辺のスポットを検索しよう

1 をタップする

画面下部で［発見］をタップし、をタップします。

2 地図検索機能を起動する

［開始する］をタップし、地図検索機能を起動します。

近くで人気の場所を見つけよう

地図を操作して各地でシェアされたストーリーズや投稿を見てみよう。

開始する

 ［開始する］をタップ

⚠️ **チェック** 地図検索機能を利用しよう

「地図検索機能」は、GPSの情報を利用して、地図上で撮影場所や店舗の位置などを示すことができる機能です。地図上に表示されたアイコンをタップすると、そのスポットに関連する投稿がリストで表示されます。旅先で周辺のお店を探したり、投稿の位置情報からお店の場所を検索したりして楽しんでみましょう。

検索対象を観光スポットに絞り込む

現在地を中心とした地図が表示され、周辺のショップやカフェ、スポットがアイコンで示されます。[観光スポット]をタップします。

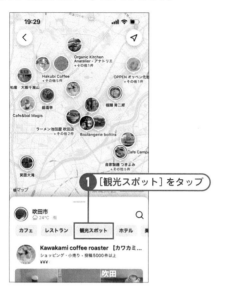

① [観光スポット]をタップ

 目的のスポットについての投稿を確認する

検索の対象が[観光スポット]に絞られるので、目的のスポットの名前をタップします。

① 目的のスポットの名前をタップ

 位置情報の取得をオンにしておく

地図検索機能を利用するには、[Instagram]アプリが位置情報を利用するのを許可しておく必要があります。iPhoneの場合は、[設定]を表示し[Instagram]をタップして、表示される画面で[位置表示]をタップし、[このAppの使用中]を選択します。
・インスタグラムの[位置情報]画面(iPhone)

Androidスマホの場合は、[設定]画面を表示し、[アプリ]→[○○個のアプリをすべて表示]→[Instagram]→[権限]→[位置情報]を順番にタップし、[アプリの使用中のみ許可]を選択します。
・インスタグラムの[位置情報の権限]画面(Pixel 5/Android)

5 目的のスポットの投稿を表示する

目的のスポットに紐づいた投稿がリストで表示されるので、気になる投稿をタップします。

① 気になる投稿をタップ

 6 目的のスポットについての投稿が再生された

目的のスポットについての投稿が表示されます。目的のスポットの情報を確認しましょう。

投稿の位置情報から地図検索を実行する

 1 撮影場所を地図で表示する

投稿のユーザーネームの下に表示されている場所の名前をタップします。

① 場所の名前をタップ

📖 メモ 地図検索のアイコンが表示されない

インスタグラムの使用開始から日が浅い場合は、［発見］画面に地図検索のアイコン🗺️が表示されないことがあります。この場合は、次の見出しの手順に従って、投稿に記載されている位置情報から地図検索機能を起動させることができます。

［発見］画面に地図検索のアイコンが表示されていない場合があります

② 地図を大きく表示する

地図の該当する位置にアイコンが表示され、その場所の投稿がリストで表示されます。投稿のリストを下にスワイプします。

 投稿のリストを下にスワイプ

③ 周辺のスポットを確認する

周辺のショップやカフェ、観光スポットなどのアイコンが地図上に表示されます。目的のスポットのアイコンをタップします。

1 目的のスポットのアイコンをタップ

④ 投稿リストを上にスワイプする

タップしたスポットの投稿リストが表示されるので、投稿リストを上にスワイプします。

1 投稿のリストを上にスワイプ

⑤ 投稿リストが大きく表示された

その場所の投稿のリストが大きく表示されるので、気になる投稿をタップしてスポットの情報を確認してみましょう。

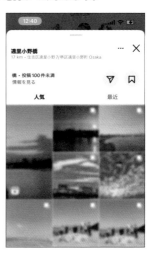

インスタグラムで友だちとつながろう

4

87

Key Word > **Meta 認証バッチ**

29 有名人のアカウントを フォローしよう

多くの有名人がインスタグラムに写真を投稿しています。仕事のオフショットやプライベートな一枚など、楽しい投稿がいっぱいです。気に入った有名人のアカウントをフォローしてみましょう。

有名人のアカウントをフォローする

 有名人のアカウントを検索する

Webブラウザで、有名人の名前と「Instagram」をキーワードに検索し、「（有名人の名前）さん（@ユーザーネーム）・Instagram photos and videos」をタップします。

1 有名人の名前と「Instagram」をキーワードに検索

2 「（有名人の名前）（@ユーザーネーム）・Instagram photos and videos」をタップ

 有名人のアカウントをフォローする

[Instagram] アプリが起動し、目的の有名人のプロフィール画面が表示されるので、[フォロー]をタップします。

[Instagram] アプリに切り替わります

1 [フォロー] をタップ

 メモ **有名人のアカウントを検索しよう**

インスタグラムで有名人の名前を使って検索すると、同姓同名のアカウントやファンによるアカウントが多数検出されます。有名人のアカウントは、Webブラウザを使って正しいユーザーネームを確認し、そのユーザーネームと「Instagram」をキーワードに検索します。

有名人が投稿したら通知されるように設定する

1 [フォロー中] のリストを表示する

プロフィール画面を表示し、[フォロー中] をタップして、フォロー中のユーザーリストを表示します。

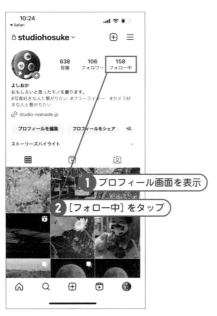

1 プロフィール画面を表示

2 [フォロー中] をタップ

2 メニューを表示する

目的の有名人の3つの点のアイコン … をタップして、メニューを表示します。

1 目的の有名人の … をタップ

3 通知の管理画面を表示する

[お知らせを管理] をタップし、通知の管理画面を表示します。

1 [お知らせを管理] をタップ

4 通知を設定する

[投稿]、[ストーリーズ]、[リール]、[動画]、[ライブ動画] で、通知を受け取る投稿をオンにします。

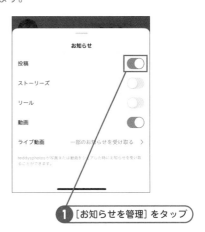

1 [お知らせを管理] をタップ

⚠️ **チェック** 　**有名人のアカウントが本物かどうかを見分けるには**

有名人のアカウントが本物かどうかを見分けるには、Meta認証バッジ✓を確認しましょう。Meta認証バッジは、インスタグラムが表示する必要があると判断したアカウントに、本人の承諾を得て有料で表示させている本人確認のためのアイコンです。Meta認証バッジは、インスタグラムの名前の右側に表示されています。

Key Word ［いいね！］ 機能

30 「いいね！」を使いこなそう

 「いいね！」は、投稿に対して評価を付けられる機能です。コメントとは異なり感想を入力する手間やわずらわしさもなく、タップするだけで気軽に評価できて便利です。［いいね！］機能を利用して、コミュニケーションのきっかけを作ってみましょう。

写真に「いいね！」を付ける

1 写真に「いいね！」を付ける

気に入った投稿を表示し、［いいね！］をタップします。

1 気に入った写真を表示

2 ［いいね！］♥をタップ

2 「いいね！」が付けられた

写真にいいね！が付きました。

写真に「いいね！」が付きました

 ヒント 「いいね！」を取り消すには

間違えて付けてしまった「いいね！」を取り消すには、再度「いいね！」のアイコン♥をタップします。なお、「いいね！」を取り消しても相手には通知されませんが、相手のアクティビティ（他のユーザーからのアクションの履歴）からは、「いいね！」を付けた履歴が削除されます。

[アクティビティ] のアイコンをタップする

プロフィール画面を表示し、[アクティビティ]
アイコン♡をタップします。

1 [プロフィール] をタップ

2 [アクティビティ] をタップ

投稿に対するアクションがあると、[アクティビティ] アイコンの右上にピンクの点が表示されます

 投稿のサムネールをタップする

友だちによる投稿へのアクションがリストで表
示されるので、目的の投稿のサムネールをタッ
プします。

1 目的の投稿のサムネールをタップ

 [いいね！] をしてくれた友だちのリストを表示する

[いいね！] をタップして、[いいね！] をしてく
れた友だちのリストを表示します。

1 [いいね！] をタップ

 [いいね！] をしてくれた友だちのリストが表示された

投稿に [いいね！] をしてくれた友だちのリスト
が表示されます。

 ヒント **コメントにも [いいね！] を付けられる**

投稿のコメントには、[いいね！] を付けることができ
ます。テキストを入力する必要がなく、タップひとつで
返信できて便利です。コメントに [いいね！] を付ける
には、目的のコメントの右側のハートのアイコンをタ
ップします。

4

インスタグラムで友だちとつながろう

自分が「いいね！」を付けた写真を確認する

 [オプション] 画面を表示する

[プロフィール] をタップし、3本の線のアイコ
ン≡をタップし、メニューを表示します。

① [プロフィール] をタップ

② 3本の線のアイコン≡をタップ

② **[アクティビティ] 画面を表示する**

メニューが表示されるので、[アクティビティ]
をタップします。

① [アクティビティ] をタップ

③ **[いいね！] を付けた投稿のリストを表示する**

[「いいね！」] をタップして、自分が [いいね！]
を付けた投稿のリストを表示します。

① [「いいね！」] をタップ

④ **[いいね！] を付けた投稿のリストが表示された**

自分が [いいね！] を付けた投稿のリストが表示
されます

⚠️ **チェック** **[いいね！] を付けられない**

[いいね！] のアイコンをタップしても、[いいね！] が
付けられないときは、次の2つの原因が考えられます。
まずは、相手にブロックされている場合です。このと
きは、いくつかの投稿で [いいね！] をタップして確認
してみましょう。そうでない場合は、1日に1000件以
上の [いいね！] を付けたり、1時間に200以上のアカ
ウントをフォローするなど、インスタグラム社が定め
る制限を超えて、迷惑行為を疑われているケースが考
えられます。

写真をコレクションに保存する

目的の投稿を表示し、[コレクション] 🔖をタップします。

① [コレクション] 🔖をタップ

コラボコレクションとは

「コレクション」は、投稿された写真や動画をいつでも見られるように、保存しておける機能です。「コラボコレクション」は、他のユーザーと共有できるコレクションで、設定したテーマに沿った写真や動画を保存して楽しむことができます。なお、コレクションに保存した写真や動画を再生するには、[プロフィール] 画面で右上の3本線のアイコン☰をタップし、表示されるメニューで [保存済み] をタップして、目的のコレクションをタップします。

コラボコレクションを試す

写真が [プライベート] コレクションに保存されました。コラボコレクションへの保存を促すメッセージを確認し、[試す] をタップします。

① [試す] をタップ

コラボコレクションに名前を付ける

コレクション名を入力し、キーボードの [完了] をタップします。

① コレクション名を入力

② [完了] をタップ

写真をコラボコレクションに保存する

コラボレーションしたい相手をタップし、[保存] をタップして写真を保存します。

① コラボレーションしたい相手をタップ

② [保存] をタップ

4

インスタグラムで友だちとつながろう

Key Word コメントの操作

31 写真にコメントを付けよう

 写真に対する感想などは、コメントに書き込んでみましょう。コメントは、投稿に感想などを直接書き込める機能で、投稿上に表示されます。写真にコメントすると、投稿者との距離を縮められるかもしれません。気になる写真にはコメントをしましょう。

写真にコメントを付ける

1 コメント作成画面を表示する

目的の投稿を表示し、コメントのアイコン◯をタップします。

1 コメントのアイコン◯をタップ

2 コメントを投稿する

コメントを入力し、[投稿する]をタップしてコメントを送信します。

1 コメントを入力

2 [投稿する]をタップ

 ヒント **コメントに返信する**

書き込まれたコメントに返信するには、投稿画面でコメントのアイコン◯をタップしてコメントの一覧を表示し、目的のコメントの下に表示されている[返信する]をタップして、コメントを書き込み[投稿する]をタップします。

コメントが投稿された

コメントが確認できました

コメントが投稿されました

［コメント］を下にスワイプすると、
コメントラインが非表示になります

コメントを削除する

 コメントの一覧を表示する

コメントを書き込んだ投稿を表示し、コメント
のアイコンをタップします。

① コメントのアイコン🔾をタップ

 コメントのアイコンが見当たらない

他のユーザーの投稿にコメントのアイコンが見当たら
ないときは、写真を投稿する際にコメントの書き込み
を無効に設定しているためです。この場合は、コメン
トを書き込むことはできません。

 メニューを表示する

削除するコメントを左へスワイプします。

① コメントを左へスワイプ

 コメントを削除する

メニューが表示されるので、［削除］🗑をタップ
すると、コメントが表示されます。

 コメントを書き込む際の注意点

他のユーザーとの交流は、インスタグラムの楽しみの
ひとつです。互いに気持ちよく利用するためにも、コ
メントを書き込む際には次のような点に気を付けまし
ょう。
① 作品の感想を含めて、相手を誹謗中傷や攻撃的な
　 内容を書き込まない。
② 名前や住所はもちろん、現在いる場所など個人的
　 な情報を書き込まない。
③ 自分のサイトや投稿に誘導するような内容を書き
　 込まない。
④ 同じ投稿に対してコメントを何度も書き込まない
　 ようにする。

Key Word ダイレクトメッセージの操作

32 友だちに直接メッセージを送ってみよう

ダイレクトメッセージは、個人的にメッセージを送信できる機能です。送信したメッセージは公開されないため、個人的なコメントを伝えたい場合に便利です。また、会話の履歴を残したくないときは、消えるメッセージモードを利用するとよいでしょう。

投稿をダイレクトメッセージで送信する

① ダイレクトメッセージのアイコンをタップする

[ホーム]画面を表示し、ダイレクトメッセージのアイコン◎をタップします。

1 目的の投稿を表示

2 ダイレクトメッセージのアイコン◎をタップ

② 宛先となる相手を選択する

宛先となる候補がリストで表示されるので、目的の相手をタップします。

1 送信先となる相手をタップする

 メモ **ダイレクトメッセージを利用しよう**

ダイレクトメッセージは、個人あてにメッセージを送信できる機能です。複数の宛先を指定することもでき、写真の投稿者に、個人的に感想を伝えたいときや、気に入った写真を他の友だちとシェアしたい場合などに便利です。

メッセージを入力する

メッセージを入力し、[送信]をタップします。

1 メッセージを入力

2 [送信]をタップ

メッセージが送信された

メッセージを送信しました

ダイレクトメッセージが送信されます

ダイレクトメッセージに返信する

宛先のリストを表示する

ダイレクトメッセージを受信すると、ダイレクトメッセージのアイコン◯に未読メッセージの数字が表示されるのでタップします。

1 [ホーム]画面を表示

2 ダイレクトメッセージのアイコン◯をタップ

相手を選択する

ユーザーリストから目的の相手をタップします。

1 目的の相手をタップ

メッセージが表示された

メッセージが表示されます。相手のメッセージをダブルタップすると、[いいね！] を付けられます。

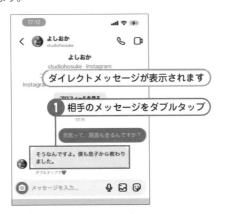

 相手のメッセージに [いいね！] が付けられた

相手のメッセージに [いいね！] が付けられます。

消えるメッセージモードを利用しよう

 消えるメッセージモードに切り替える

ダイレクトメッセージの画面を表示し、画面を上に向かってスワイプします。

 消えるメッセージモードに切り替わった

消えるメッセージモードに切り替わるので、メッセージをやり取りしましょう。なお、再度画面を上にスワイプすると消えるメッセージモードが解除されます。

 消えるメッセージモードを使ってみよう

「消えるメッセージモード」は、画面を閉じるとメッセージが消えるダイレクトメッセージの機能です。会話の履歴が残らないため、メッセージの内容を見られたくないときに便利です。消えるメッセージモードに切り替えるには、相手とのやり取りの画面を上にスワイプします。また、消えるメッセージモードを解除する場合も、画面を上にスワイプします。

5章

写真を投稿しよう

インスタグラムが、最も利用されている SNS として続いているのは、ユーザーのニーズをつかみ、新機能を追加し続けてきたからでしょう。写真の投稿から始まり、動画の投稿、ライブ動画にストーリーズ、リール動画、まとめ機能、そしてノートと Threads と、さまざまな形式での投稿が可能です。自分のイメージに合った使い方で写真や動画、テキストを投稿し、他のユーザーとの交流を楽しんでみましょう。

Key Word 写真の投稿

33 写真を撮ってその場で 投稿してみよう

インスタグラムは、直感的な操作で、かんたんにきれいな写真をすばやく投稿できます。おいしいスイーツ、盛り上がっているイベントなど、楽しい瞬間をリアルタイムで友だちにシェアしてみましょう。

撮った写真をその場で投稿しよう

1 [新規投稿] 画面を表示する

画面下部中央の [投稿] ⊕をタップし、[新規投稿] 画面を表示します。

1 [投稿] ⊕をタップ

📖 メモ **[投稿] が画面下部に移動した**

2023年3月、[ホーム] 画面上部にあった [投稿] ⊕が画面下部中央に配置されました。これにより、片手でも [新規投稿] 画面を表示でき、すばやく投稿できるようになりました。

2 カメラを起動する

[カメラ] ◉をタップして [カメラ] を起動します。

1 [投稿] を選択

2 [カメラ] ◉をタップ

📖 メモ **投稿の種類を選択する**

[新規作成] 画面（手順2の図参照）や撮影画面（手順3の図参照）の右下には、投稿の種類を選択できるメニューが表示されています。メニューには [投稿]、[ストーリーズ]、[リール]、[ライブ] の4種類あり、手際よく投稿の種類を選択できます。

投稿 ストーリーズ リール ラ

③ 写真を撮影する

被写体が画面に収まるようにカメラを向けて、シャッターボタンをタップします。なお、前面カメラへの切り替えは🔄、フラッシュの設定変更は⚡をタップします。

① シャッターボタンをタップ

④ フィルターを適用する

画面下部のフィルターリストで、目的のフィルターをタップし、[次へ]をタップします。

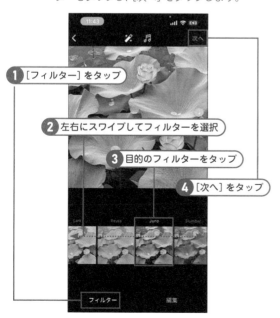

① [フィルター]をタップ

② 左右にスワイプしてフィルターを選択

③ 目的のフィルターをタップ

④ [次へ]をタップ

⑤ キャプションを入力する

[キャプションを入力]をタップしてキャプションとハッシュタグを入力して、[OK]をクリックします。

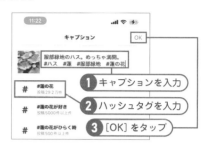

① キャプションを入力

② ハッシュタグを入力

③ [OK]をタップ

 フィルターを利用する

「フィルター」は、テーマに合わせて色や明るさがバランスよく組み合わされた効果を写真に適用できる機能です。インスタグラムには35種類のフィルターが用意されていて、タップひとつでイメージに合った写真に加工することができます。

⑥ 写真を投稿する

投稿したいアカウントをオンにして、Facebookへのシェアを選択します

① 投稿先となるアカウントをオンにする

② Facebookへのシェアのオン/オフを選択

③ [シェア]をタップ

5

写真を投稿しよう

7 **写真が投稿された**

目的の写真を投稿できました

写真が投稿された

📖 **メモ** **投稿した写真は保存される**

インスタグラムに投稿した写真は、フィルターなどで加工された状態で[写真]アプリ（Androidの場合は[アルバム]アプリなど）に保存されます。そのため、写真を友だちに送ったり、[写真]アプリで再生したりすることもできます。

iPhoneの[写真]アプリ では は[Imstagram]アルバムに保存されます。

［新規投稿］画面の画面構成

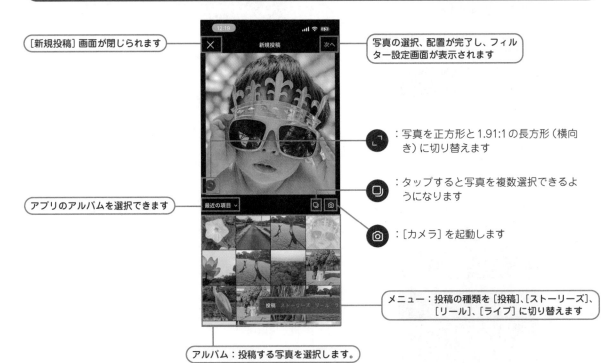

［新規投稿］画面が閉じられます

写真の選択、配置が完了し、フィルター設定画面が表示されます

：写真を正方形と1.91:1の長方形（横向き）に切り替えます

：タップすると写真を複数選択できるようになります

アプリのアルバムを選択できます

：[カメラ]を起動します

メニュー：投稿の種類を[投稿]、[ストーリーズ]、[リール]、[ライブ]に切り替えます

アルバム：投稿する写真を選択します。

撮影画面の画面構成

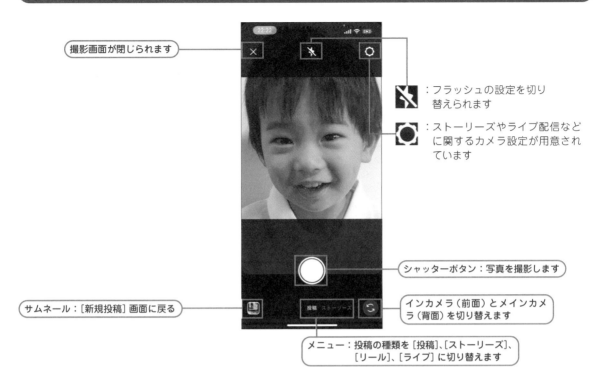

撮影画面が閉じられます

🚫：フラッシュの設定を切り替えられます

⊙：ストーリーズやライブ配信などに関するカメラ設定が用意されています

シャッターボタン：写真を撮影します

サムネール：[新規投稿] 画面に戻る

インカメラ（前面）とメインカメラ（背面）を切り替えます

メニュー：投稿の種類を [投稿]、[ストーリーズ]、[リール]、[ライブ] に切り替えます

フィルター設定画面の画面構成

1つ前の画面に戻ります

[次へ]：写真の補正・加工が完了し、投稿画面が表示されます

✨：LUX（照度）を調節して、写真の明るさとメリハリを修正できます

🎵：投稿に音楽を挿入できます

フィルターリスト：リストからフィルターを選択します

[フィルター]：選択するとフィルターのリストが表示されます

[編集]：写真の色や明るさ、傾きなどを補正できるメニューが用意されています

素敵な写真を撮るためのちょっとしたコツ！

① 自然光を利用して撮ろう

きれいな写真を撮るポイントは、"光を上手に扱うこと"につきます。そして、最も写真をきれいに撮影できる光は、自然光でしょう。太陽の光は、色を鮮やかにイキイキと見せることができ、人の肌を健康的に表現できます。また、夕日や朝日が斜めや横から当たるように工夫すると、影を味方につけることができ、深みのある表現ができます。

② 構図を意識しよう

シンプルな背景の真ん中に被写体を配置すると（日の丸構図）、インパクトのある写真になります。また、画面を3等分する線の上に被写体を配置すると（三点分割法）、安定感のある写真になります。少し構図を意識して撮影すると、趣きのある写真になります。

③ アングルを工夫しよう

同じ被写体でもアングルを工夫するだけで、まったく別のモノに見えるほど、印象を変えることができます。真上から撮ってみたり、アップで撮ってみたり、さまざまなアングルを試して写真を比べてみましょう。思いのほかおしゃれな写真や迫力のある写真になることがあります。

④ 色の数を抑えよう

被写体の色に合わせて、背景の色を同じ系統の色で揃えると、おしゃれで統一感のある写真を撮ることができます。背景はできるだけシンプルにし、白っぽい色でまとめると、清潔感がありセンスの良さを演出できます。

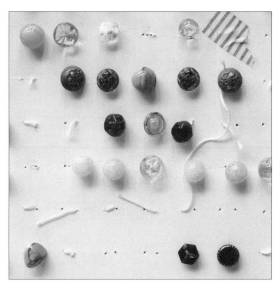

Key Word 概存の写真の投稿

34 思い出の写真を投稿してみよう

昔に撮った写真を眺めていると、結構いい写真がありますよね。そんな写真は、インスタグラムに投稿してみましょう。フィルターで加工すると、素敵な写真に生まれ変わるかも知れません。

お気に入りの写真を投稿してみよう

1 カメラを起動する

画面下部にある [投稿] ⊞をタップして、[カメラ] を起動します。なお、カメラへのアクセスや通知の許可を求める画面が表示されたら、[OK] をタップします。

1 [投稿] ⊞をタップ

2 写真を選択する

画面下半分の写真リストをスワイプして写真を選択し、目的の写真をタップします。

1 画面下半分を上下にスワイプ

2 目的の写真をタップ

ヒント **写真を効率的に探そう**

手順2の図に表示されている写真のリストを上に向かって大きくスワイプすると、上半分の写真が非表示になり、全面に写真のリストを表示させることができます。多くの写真を一度に確認でき、写真を探しやすくなります。

③ 写真のレイアウトを調節する

写真をピンチ（2本の指先を開閉する操作）して拡大率を調節し、ドラッグ（指先を画面上で滑らせる操作）で位置を整えて、［次へ］をタップします。

- ❶ 写真をピンチ（2本の指先を開閉する操作）して拡大率を調節
- ❷ 写真をドラッグ（指先を画面上に滑らせる操作）して配置を調節
- ❸ ［次へ］をタップ

メモ 写真のレイアウトを調節する

写真はドラッグすると移動させることができ配置を調節できます。また、ピンチアウト（画面上で2本の指を広げる操作）すると拡大、ピンチイン（画面上で2本の指を閉じる操作）すると縮小することができます。

④ フィルターを適用する

［フィルター］を選択してフィルターのリストを表示し、左右にスワイプして目的のフィルターをタップし、［次へ］をタップします。

- ❶ ［フィルター］をタップ
- ❷ 左右にスワイプしてフィルターを選択
- ❸ 目的のフィルターをタップ
- ❹ ［次へ］をタップ

ヒント 縦横比を切り替える

縦横比切り替えのアイコン ●をタップすると、写真の縦横比を正方形ともとの縦横比を切り替えることができます。縦の写真なら4:5、横向きの写真なら1.91:1の縦横比に切り替えることができます。

⑤ キャプションを入力する

［キャプションを入力］をタップすると、編集可能になるのでキャプションとタグを入力し、［OK］をタップします。

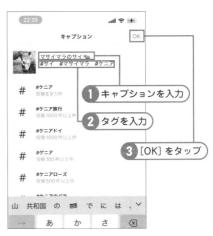

- ❶ キャプションを入力
- ❷ タグを入力
- ❸ ［OK］をタップ

⑥ 写真を投稿する

投稿先のアカウントをオンにし、［シェア先Facebook］のオン/オフを切り替えてFacebookへのシェアを選択し、［シェア］をタップすると、写真が投稿されます。

- ❶ 投稿先のアカウントをオンにする
- ❷ Facebookへのシェアを選択
- ❸ ［シェアする］をタップ

写真が投稿されます

複数の写真を一度に投稿する

 複数の写真を選択できるように設定を切り替える

[新規投稿] 画面を表示し、目的の写真をタップして、複数投稿のアイコン◉をタップし、[次へ]をタップします。

[新規投稿] 画面を表示しています

1 目的の写真をタップ

2 ◉をタップ

📖 **メ モ** **複数の写真をまとめて投稿する**

複数の写真をまとめて投稿する場合、1度の操作で10枚までの写真を投稿できます。また、動画も同様に10本まとめて投稿でき、写真と動画を組み合わせることもできます。

 配置と拡大率を調節

写真をドラッグして配置を調節し、ピンチ操作で拡大率を調節します。

1 ドラッグして配置を調節

2 ピンチ操作で拡大率を調節

 2枚目の写真を選択する

2枚目の写真をタップし、1枚目と同様に配置と拡大率を調節します。

1 2枚目の写真をタップ

2 配置と拡大率を調節

 3枚目の写真を選択する

3枚目の写真をタップし、配置と拡大率を調節して、[次へ]をタップします。

1 3枚目の写真をタップ

2 写真の配置を調整

3 [次へ]をタップ

5　写真にフィルターを適用する

フィルターのリストで目的のフィルターをタップし、[次へ] をタップします。なお、ここで選択したフィルターはすべての写真に適用されます。

1 目的のフィルターをタップ

2 [次へ] をタップ

6　写真を投稿する

キャプションとタグを入力し、投稿先を設定して、[シェア] をタップします。

1 キャプションとタグを入力

2 投稿先を設定

3 [シェア] をタップ

 ヒント 写真の順番を入れ替えるには、

複数の写真を投稿する場合、手順4の図で最後にタップした写真が表紙の写真となります。順番を入れ替えたいときは、フィルター設定画面（手順5の図）で、目的の写真を長押すると編集可能な状態になるので、目的の位置までドラッグします。

 メモ 個別に異なるフィルターを設定するには

この手順では、選択した複数の写真すべてに同じフィルターが適用されます。個別の写真に別のフィルターを設定したい場合は、フィルター設定画面（手順5の図）で目的の写真をタップすると、フィルター選択画面が表示されるので、目的のフィルターを選択します。

7　写真が投稿された

お目当ての写真が投稿できました

複数の写真が投稿されました

画面を右または左にスワイプすると選択した写真が表示されます

35 タップで素敵な写真に！フィルターを活用しよう

 写真は少し手を加えるだけで見違えるほど良くなります。インスタグラムには、色と明るさをバランスよく組み合わされた23種類のフィルターが用意されています。イメージに合ったフィルターを選択し、素敵な写真にしてみましょう。

フィルターを設定する

1 フィルターの選択画面を表示する

［新規投稿］画面を表示し、目的の写真をタップして、［次へ］をタップします。

1 写真を選択

2 ［次へ］をタップ

2 写真にフィルターを設定する

画面下部で［フィルター］を選択してフィルターのリストを表示し、リストを左右にスワイプして目的のフィルターをタップし、再度同じフィルターをタップします。

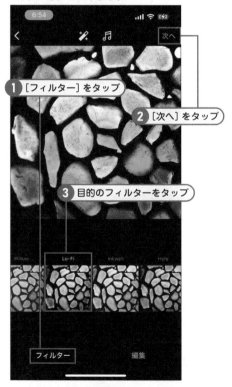

1 ［フィルター］をタップ

2 ［次へ］をタップ

3 目的のフィルターをタップ

4 再度同じフィルターをタップ

メモ　フィルター効果のレベルは100

すべてのフィルターでは、初期設定の効果レベルが最も強い「100」に設定されています。フィルターの効果を和らげたい場合は、目的のフィルターを再度タップすると、スライダーが表示されるので、目的の効果レベルになるまで左へドラッグします。

フィルターの効果の強さを調節する

フィルターの設定画面が表示されるので、スライダーをドラッグしてフィルターの効果の強さを調節し、[完了] をタップします。

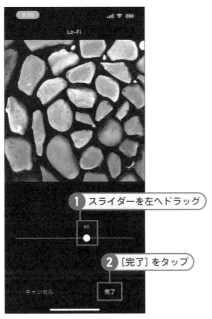

1 スライダーを左へドラッグ

2 [完了] をタップ

フィルターの効果が設定されました

フィルターの順序を入れ替える

フィルターリストを編集可能な状態にする

フィルター設定画面を表示し、目的のフィルターを長押しします。

1 目的のフィルターを長押し

フィルターを移動する

フィルタ　リスト が編集可能な状態になるので、フィルターを目的の位置までドラッグします。

1 目的の位置までドラッグ

フィルターが移動した

フィルターが目的の位置に移動しました。

フィルター+Luxで写真をくっきりさせよう

 Luxの設定画面を表示する

目的のフィルターをタップし、上部の［Lux］⚡️をタップします。

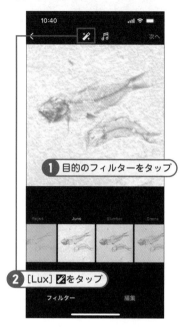

1 目的のフィルターをタップ

2 ［Lux］⚡️をタップ

 Lux効果を設定する

スライダーをドラッグして効果のレベルを調整し、［完了］をタップします。

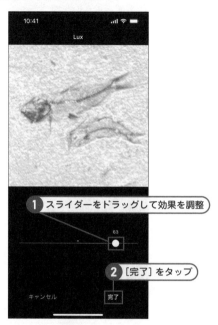

1 スライダーをドラッグして効果を調整

2 ［完了］をタップ

 Luxの効果が適用された

Luxの効果が適用され、メリハリのある写真になりました。

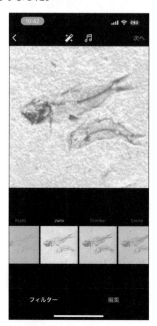

📖 メモ **Luxを利用しよう**

「Lux」は、「照度」のことで、明るさや彩度などをバランスよく調節し、輪郭や色をくっきり見せることができます。この手順に従って［Lux］⚡️をタップすると、Luxの効果「50」が適用され、スライダーをドラッグして効果の強さを「ー100」から「100」まで調節できます。数値が低い程、白くふんわりとした印象になり、高い程くっきりとした印象になります。フィルターと併用して、イメージ通りの写真に仕上げてみましょう。

インスタグラムのフィルター一覧

インスタグラムでは、2023年11月現在、iOS版は35種類、Android版は33種類のフィルターが用意されています。オリジナルと見比べて気に入ったフィルターを適用し、趣きある写真に加工してみましょう。

オリジナル写真	Paris	Los Angeles	Oslo	Melbourne	Jakarta
Abu Dhabi	Buenos Aires	New York	Jaipur	Cairo	Tokyo
Rio De Janeiro	Clarendon	Gingham	Moon	Lark	Rayes
Juno	Slumber	Crema	Ludwig	Aden	Perpetua
Amaro	Mayfair	Rise	Hudson(iOS版のみ)	Valencia	X-Proll
Sierra	Willow	Lo-Fi	Inkwell	Hefe(iOS版のみ)	Nashville

Key Word > 写真の加工補正

36 フツウの写真もインスタ映え！写真のかんたん補正術！

インスタグラムでは、明るさや色、コントラストなどを個別に調節することができます。フツウの写真でも傾きや明るさを少し補正するだけで、クールな写真になることがあります。補正を試して、インスタ映えする写真を作ってみましょう。

写真の角度を調節しよう

1 写真の編集画面を表示する

[新規投稿] 画面を表示し、目的の写真をタップして、[次へ] をタップします。

2 [次へ] をタップ

1 目的の写真をタップ

2 角度の調節画面を表示する

[編集] をタップして、表示されるツールのリストで [調整] をタップします。

2 [調整] をタップ

1 [編集] をタップ

メモ 編集ツールを活用しよう

手順2の図で [編集] をタップすると、写真の色や明るさ、傾きなどを補正、編集するためのツールが13種類用意されています。それぞれのツールの機能とその効果を確認して、クールな写真にしてみましょう。

写真の角度を調節する

田をタップしてグリッド線を表示し、スライダーを右または左にドラッグして写真の角度を調整します。

1 田をタップ

2 スライダーを右または左へドラッグ

ツールを切り替える

圖をタップして、写真の縦のゆがみを補正するツールに切り替えます。

1 圖をタップ

縦のゆがみを補正する

スライダーをドラッグし、写真の縦のゆがみを補正し、[完了] をタップして補正を完了します。

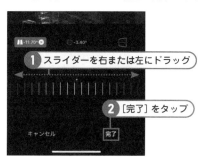

1 スライダーを右または左にドラッグ

2 [完了] をタップ

メモ　ゆがみを補正する

[調整] 画面には、[傾き調整] の他に [縦] と [横] のゆがみを調節できる機能が用意されています。建物を下からあおるように撮影した場合に引き起こされるゆがみを修正したいときは、圖をタップし、スライダーをドラッグして調節します。また、横のゆがみを補正する場合は、圖をタップし、スライダーをドラッグして調節します。

写真を投稿する

[次へ] をタップし、表示される画面の指示に従って写真を投稿します。

1 [次へ] をタップ

表示される画面の指示に従って写真を投稿します

写真の明るさを調節する

1 [明るさ] の編集画面を表示する

[編集] をタップし、[明るさ] をタップして、明るさの編集画面を表示します。

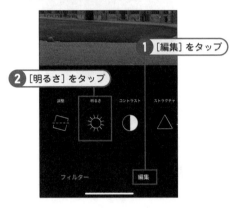

> 1 [編集] をタップ
>
> 2 [明るさ] をタップ

2 写真の明るさを調節する

スライダーをドラッグして、明るさを調節します。右へドラッグすると明るく、左にドラッグすると暗くなります。

> 1 スライダーを右または左へドラッグ
>
> 2 [完了] をタップ

コントラストを調節してくっきりとした写真にしよう

1 [コントラスト] の編集画面を表示する

[編集] をタップし、[コントラスト] をタップして、コントラストの編集画面を表示します。

> 1 [編集] をタップ
>
> 2 [コントラスト] をタップをタップ

2 コントラストを調節する

スライダーをドラッグしてコントラストを調節します。右へドラッグするほどコントラストが強くなり輪郭がくっきりして見えます。

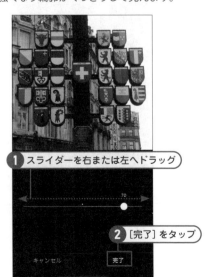

> 1 スライダーを右または左へドラッグ
>
> 2 [完了] をタップ

 メモ 写真にメリハリを付けよう

輪郭がぼんやりした写真は、コントラストを強くして輪郭をはっきりさせましょう。コントラストは、白と黒の差を見せる度合いのことで、コントラストをあげるほどに白と黒の差をくっきりと見せることができ、輪郭にメリハリをつけることができます。

ストラクチャで質感を強調してみよう

1 ストラクチャの編集画面を表示する

[編集] をタップし、[ストラクチャ] をタップして、ストラクチャの編集画面を表示します。

1 [編集] をタップ

2 [ストラクチャ] をタップ

メモ ストラクチャで質感を高めよう

「ストラクチャ」は、輪郭や細かい部分を際立たせることで、質感を高めることができる効果です。ストラクチャを強く適用すると、風景などを絵画のように加工したり、顔のシワを強調することで深みを表現したりすることができます。

2 ストラクチャ効果を調節する

スライダーをドラッグして、ストラクチャ効果を調節します。右にドラッグすると、効果が強くなり質感が強調されます。

1 スライダーを右または左へドラッグ

2 [完了] をタップ

93

キャンセル　完了

暖かみのある写真にしよう

1 [暖かさ] の編集画面を表示する

[編集] をタップし、[暖かさ] をタップして、[暖かさ] の編集画面を表示します。

1 [編集] をタップ

2 [暖かさ] をタップ

メモ 写真に暖かみを加えよう

[暖かさ] では、赤を追加して暖かみのある写真にできる効果です。[暖かさ] で赤を加えると、夕日や炎、イルミネーションなどが見た目に近い赤を表現することができます。

2 暖かみのある写真に調節する

スライダーをドラッグして暖かみを調節します。右へドラッグするほど赤みが加えられ、暖かいイメージの写真になります。

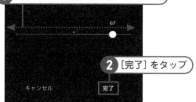

1 スライダーを右または左へドラッグ

67

2 [完了] をタップ

キャンセル　完了

花や緑を鮮やかにしてみよう

1 彩度の編集画面を表示する

[編集] をタップし、[彩度] をタップして、彩度の編集画面を表示します。

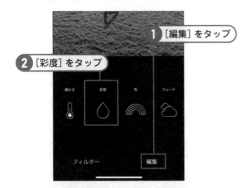

1 [編集] をタップ

2 [彩度] をタップ

メモ 彩度を調節して鮮やかな写真にしてみよう

「彩度」は、色の鮮やかさの度合いのことで、鮮やかな色ほど彩度が高く、くすんだ色ほど低くなります。写真の彩度を高くして、鮮やかさを強くしたいときは、手順2の図でスライダーを右へドラッグします。

2 彩度を調節する

スライダーをドラッグし、彩度の強さを調節して、[完了] をタップします。

1 スライダーを右または左へドラッグ

2 [完了] をタップ

写真にフィルターをかけて印象を変えてみよう

1 フィルターの色の選択画面を表示する

[編集] をタップし、[色] をタップして、フェードの編集画面を表示します。

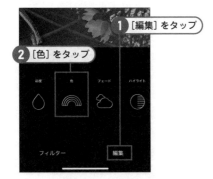

1 [編集] をタップ

2 [色] をタップ

メモ 写真の色味を変更する

[編集] の [色] では、シャドウ（写真の暗い部分）とハイライト（写真の明るい部分）のそれぞれに色と付けることができます。写真に色を付けることで、印象を大きく変えることができます。

2 フィルターの色を選択する

[シャドウ] または [ハイライト] をタップし、目的の色をタップして、[完了] をタップします。

1 目的の色をタップ

2 [完了] をタップ

写真にレトロ感をにじませよう

 [フェード]の編集画面を表示する

[編集]をタップし、[フェード]をタップして、フェードの編集画面を表示します。

 メモ フェードってどんな効果？

写真に薄くモヤをかけて懐かしいイメージにしたい場合は、[編集]画面にある[フェード]を利用します。[フェード]の効果を追加すると、写真全体が白っぽく、少し暗くなり懐かしいイメージを表現できます。

 フェードの効果を適用する

スライダーをドラッグし、フェードの強さを調節して、[完了]をタップします。

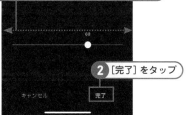

影の部分を明るく調節する

 [シャドウ]の編集画面を表示する

[編集]をタップし、[シャドウ]をタップして、シャドウの編集画面を表示します。

 メモ 写真の明るい部分を調節する

この手順の[シャドウ]では、写真の暗い部分の明るさを調節しますが、[ハイライト]では写真の明るい部分の明るさを調節することができます。全体的に明るすぎて白っぽい写真は、手順1の図で[ハイライト]をタップし、明るい部分の明るさを抑えるように補正しましょう。

 シャドウの明るさを調節する

スライダーをドラッグして影の部分の明るさを調整し[完了]をタップします。

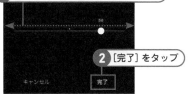

周囲を暗くして被写体を引き立てる

[ビネット] の編集画面を表示する

[編集] をタップし、[ビネット] をタップして、[ビネット] の設定画面を表示します。

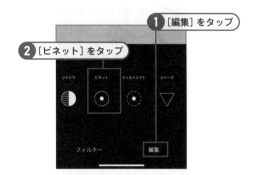

1 [編集] をタップ

2 [ビネット] をタップ

メモ 周囲を暗くして被写体を強調しよう

「ビネット」は、写真の四隅を暗くする効果です。写真の周囲を暗くすることで、中央にある被写体を強調することができます。

写真の四隅を暗く調節する

スライダーをドラッグし、ビネット効果の強さを調節します。右にドラッグするほど四隅から中心に向かって暗くなります

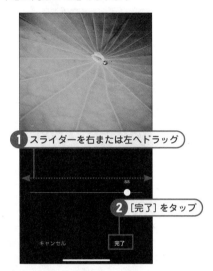

1 スライダーを右または左へドラッグ

2 [完了] をタップ

周囲をぼかして被写体を強調しよう

[ティルトシフト] の編集画面を表示する

[編集] をタップし、[ティルトシフト] をタップして、ティルトシフトの編集画面を表示します。

1 [編集] をタップ

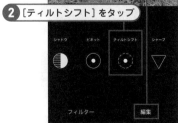

2 [ティルトシフト] をタップ

ティルトシフトの形状を選択する

ぼやけさせる形状を選択します。なお、被写体を中心に周囲がぼやける [円形] を選択します

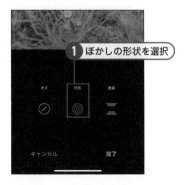

1 ぼかしの形状を選択

チェック ティルトシフトで被写体を強調する

「ティルトシフト」は、被写体の周囲をぼやかして被写体を際立たせる効果で、[円形] と [直線] が用意されています。[円形] は被写体の周囲を円形にぼやかすことができ、[直線] は被写体の上下をぼやかすことができます。

効果を設定する範囲を指定する

被写体の位置をタップし、ピンチ操作(2本の指先を画面上で開閉させる操作)でぼやけの範囲を指定します。

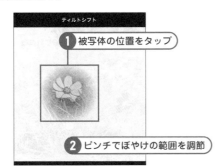

ティルトシフト

1 被写体の位置をタップ

2 ピンチでぼやけの範囲を調節

 ヒント **編集機能とフィルターは併用できる**

フィルターは写真に1種類しか設定できませんが、フィルターを設定した写真を[編集]画面の機能を使って補正することはできます。フィルターを適用したのに、イメージ通りにならなかった場合は、[編集]画面の機能を使って、明るさや色を補正してみましょう。

 被写体の周囲がぼやけた

被写体の周囲がぼやけて、被写体が際立ちます。[完了]をタップして、ティルトシフト効果の編集を終了します。

オフ　　円形　　直線

1 [完了]をタップ

キャンセル　　完了

写真をシャープに見せよう

 [シャープ]の編集画面を表示する

[編集]をタップし、[シャープ]をタップして、シャープの編集画面を表示します。

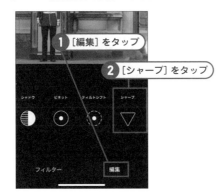

1 [編集]をタップ

2 [シャープ]をタップ

シャドウ　ビネット　ティルトシフト　シャープ

フィルター　　編集

 メモ **シャープで輪郭をくっきりさせよう**

「シャープ」は、輪郭などのエッジ部分を強調することで、写真をはっきりとした印象にする効果です。建物や機械など、直線の多い写真では、シャープの効果が高くなります。

 シャープの効果を適用する

スライダーをドラッグして、シャープの強さを調節します。右にドラッグするほどシャープの効果を強く適用できます。

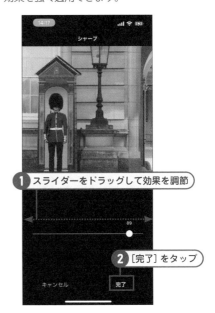

14:17

シャープ

1 スライダーをドラッグして効果を調節

89

2 [完了]をタップ

キャンセル　　完了

SECTION

Key Word — BGM の設定

37

投稿に音楽を
設定してみよう

投稿やストーリーズ、リールには、音楽を登録することができます。投稿再生時に楽しい曲が再生されればきっと楽しいはずです。お気に入りのアーティストのお気に入りの曲を投稿に登録してみましょう。

投稿に音楽と登録する

1 音楽の検索画面を表示する

[新規投稿]画面で写真を選択し、この画面を表示しています。♫をタップします。

2 投稿に登録する楽曲を指定する

検索ボックスをタップし、キーワードを入力して、表示される候補から目的の楽曲をタップします。

メモ 投稿にBGMを設定する

投稿する写真やリール動画、ストーリーズには、この手順に従ってBGMを設定することができます。BGMを設定することで、写真や映像を楽しく演出できます。なお、設定した楽曲はInstagram上では有効ですが、コピーしたり他のアプリで保存し直したりすると削除されます。

③ 楽曲の開始位置を指定する

スライダーをドラッグし再生開始する位置を指定します。

1 スライダーをドラッグし再生開始位置に合わせる

④ 再生時間の選択画面を表示する

スライダーの左にある [30] をタップし、再生時間の選択画面を表示します。

1 [30] をタップ

⑤ 楽曲の再生時間を選択する

再生する楽曲の長さを選択し、[完了] をタップします。

1 再生する長さを選択

2 [完了] をタップ

⑥ 投稿に音楽が登録された

[完了] をタップし、[音楽を追加] 画面を閉じます。

1 [完了] をタップ

38 ハッシュタグを付けて注目を集めよう

投稿をできるだけ多くの人に見てもらいたい場合は、ハッシュタグを付けておきましょう。ハッシュタグを付けると、設定したキーワードでの検索対象になり、検索結果に表示されます。

ハッシュタグとは

「ハッシュタグ」とは、先頭に「#（ハッシュ）」が付いたキーワードのことです。投稿にキーワードをハッシュタグとして書き込むことで、投稿がそのキーワードでの検索結果に表示されるようになります。また、ハッシュタグをタップすると、同じハッシュタグが設置された投稿を見つけることもできます。

▼ハッシュタグの記入ルール

studiohosuke キックバイクにチャレンジ！
#キックバイク　#チャレンジ
#こども
3日前

ハッシュタグ

メモ ハッシュタグ設置のメリット

ハッシュタグを設置するメリットは、フォロワー以外にも投稿を見てもらえる機会が増えることです。お気に入りの投稿を見つけるために、多くの人がハッシュタグで検索します。そのため、ハッシュタグに設定するキーワードは、人気のキーワードや定番のキーワード、注目急上昇のキーワードなど、多くの人が探したくなるような単語を設定するとよいでしょう。

#Instagram　#インスタ映え

「#」は半角　並べるときはスペースを挿入

ハッシュタグを設定する

 キャプション入力欄をタップする

［新規投稿］画面で投稿する写真を指定し、写真編集を終えた後、この画面を表示しています。［キャプションを入力］をタップします。

 投稿にハッシュタグが設定された

同様に「#」の後にキーワードを入力して複数のハッシュタグを設定し、［シェア］をタップして投稿します。

投稿にハッシュタグが設定された

②ハッシュタグを設定する

好きなハッシュタグを設定します。

 投稿後にハッシュタグを設定するには

写真投稿後にハッシュタグを設定するには、［プロフィール］画面で目的の投稿をタップし、画面右上の…（Android版では⋮をタップして、メニューで［編集］を選択するとキャプションが編集できる状態になるので、ハッシュタグを入力します。

Key Word 〉 位置情報の追加

39 写真に位置情報を付けて投稿しよう

料理やスイーツを投稿する場合、お店の場所をわかりやすく伝えられたら便利です。そんな場合には、位置情報を追加して、撮影場所を地図で表示してみましょう。ただし、位置情報は、写真撮影の場所を公開することになるため、扱い方を注意しましょう。

投稿に位置情報を追加する

 [場所を追加] をタップする

投稿する写真を指定し、写真編集を終えた後、この画面を表示して、[場所を追加] をタップします。

8:31 ‖ 📶 🔋

< 新規投稿 シェア

太陽の塔
#太陽の塔　#イルミネーション
#太陽の塔イルミナイト

タグ付け

1 キャプションとハッシュタグを入力

場所を追加 ＞

服部緑地公園　吹田市　大阪市　Osaka Prefecture

音楽を追加 ＞

♫ 紫陽花のような恋 (Hydrangea Love) · TOMORROW X T

2 [場所を追加] をタップ

 位置情報を追加する

検索ボックスをタップし、キーワードを入力して、候補の一覧から目的の位置情報をタップします。

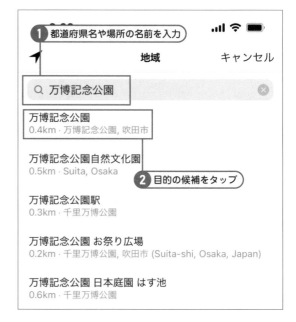

1 都道府県名や場所の名前を入力

地域 キャンセル

🔍 万博記念公園 ⊗

万博記念公園
0.4km · 万博記念公園, 吹田市

万博記念公園自然文化園
0.5km · Suita, Osaka

2 目的の候補をタップ

万博記念公園駅
0.3km · 千里万博公園

万博記念公園 お祭り広場
0.2km · 千里万博公園, 吹田市 (Suita-shi, Osaka, Japan)

万博記念公園 日本庭園 はす池
0.6km · 千里万博公園

 ⚠ チェック **位置情報の扱いには注意しよう**

位置情報の追加は、撮影場所を友だちに伝えるには大変便利です。しかし、とらえ方によっては、外出していることを言って回っているようなものです。また、撮影者が現在いる場所を伝えるということでもあります。位置情報の危険性を理解して、適切に使いましょう。

写真を投稿する

[シェア] をタップし、位置情報が登録された写真を投稿します。

[シェア] をタップ

 位置情報が追加された写真が投稿される

位置情報が追加された写真が投稿されます。

位置情報が追加された写真が投稿されます

投稿の撮影場所を確認する

 地名をタップする

地名をタップします。

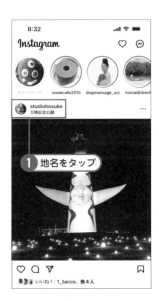

1 地名をタップ

 追加した場所が地図で表示される

地図に登録した場所がアイコンで示され、同じ場所が登録された投稿が一覧で表示されます。

追加した位置情報の場所が地図上に表示されます

同じ場所で撮影された投稿が一覧で表示されます

ヒント 位置情報を追加できない場合は

位置情報を追加できない場合は、インスタグラムでの位置情報の利用が有効になっていません。iPhoneの場合は、[設定] 画面の直下にある [Instagram] をタップし、[位置情報] をタップすると表示される画面で [このAppの使用中のみ許可] をオンにします。Androidの場合は、[設定] 画面で [アプリ] → [Instagram] → [許可] をタップして、[位置情報] をオンにします。

5

写真を投稿しよう

メモ **写真にユーザーをタグ付けする**

　写真に写っている人物がインスタグラムユーザーの場合、写真にその人のアカウントをリンクさせることができます。写真にアカウントをリンクさせると、投稿された写真にリンクされたアカウントの名前が表示され、タップすることでプロフィール画面を表示させられます。人物を紹介する際に便利です。投稿写真にアカウントをタグ付けするには、[新規登録]画面を表示し、[タグ付け]をタップすると表示される画面で、写真をタップし、検索画面で目的のアカウントを検索・タップして[完了]をタップします。

6章

動画を投稿しよう

インスタグラムは、アップグレードのたびに動画投稿の
機能を充実させてきました。リード動画にはエフェクト
や背景などの特殊効果が随時追加され、完成度が高く楽
しい動画を簡単な操作で作成することができます。また、
今起こっていることをストーリーズやライブ動画でタイ
ムリーに配信することができます。インスタグラムの動
画投稿機能を使いこなして、フォロワーを楽しませてみ
ましょう。

 Key Word リールの動画の投稿

40 ショートムービーで バズっちゃおう！

「リール」は、最大90秒までのショートムービーを投稿・視聴できる機能です。エフェクト効果など特殊な効果を加え、BGMにお気に入りの曲を指定して、楽しい動画を作成できます。複数のショートムービーを繋げて、凝った演出を付けることも可能です。

リールとは？

「リール」は、15秒から最大90秒までのショートムービーを投稿・視聴できる機能です。エフェクトや背景、スタンプなど、さまざまな特殊な効果が用意され、おもしろい動画を作成できます。また、数秒の短い動画を繋ぎ合わせることもでき、衣装が次々に切り替わるなどインパクトのある作品を作ることもできます。バズるような楽しい動画を作って投稿してみましょう。

まずはリール動画を見てみよう

1 **[リール] 画面を表示する**

[リール] をタップして、[リール] 画面を表示します。

1 [リール] をタップ

💡 **ヒント** **ほとんどの動画はリール動画として投稿される**

長さが15分以下の動画は、基本的にリール動画として投稿されます。写真を投稿するのと同じ手順で動画を投稿しても、自動的にリールとして投稿されます。どうしてもフィード動画として投稿したい場合は、写真と同じ手順で、複数の動画を選択して投稿を実行します。

② 次のリール動画を表示する

リール動画が表示されます。画面を上に向かってスワイプします。

 1 画面を上に向かってスワイプ

③ 動画に [いいね！] を付ける

次の動画が表示されます。動画が気に入ったら [いいね！] 🩶 をタップしましょう。

1 [いいね！] 🩶 をタップ

④ コメント画面を表示する

 [いいね！] が付けられました。[コメント] 🩶 をタップして、[コメント] 画面を表示します。

1 [コメント] 🩶 をタップ

⑤ コメントを確認する

[コメント] 画面が表示されるので、他のユーザーのコメントを確認できます。入力欄をタップして、コメントを書き込んでみましょう。

 ヒント コメントにGIFが投稿できるようになった

2023年5月より、リールとストーリーズのコメント欄で、GIFコメントの利用が可能になりました。コメント欄でGIFを投稿するには、コメント欄の右に用意されている [GIF] をタップし、表示されるリストから目的のGIFをタップします。

ショートムービーを作成する

1 [新規投稿] 画面を表示する

[投稿] ⊞ をタップし、[新規投稿] 画面を表示します。

> 1 [投稿] ⊞ をタップ

3 [カメラ] を起動する

[カメラ] をタップし、リールの作成画面を表示します。

> 1 [カメラ] をタップ

2 [新しいリール動画] 画面を表示する

下部のメニューで [リール] をタップします。

> 1 [リール] をタップ

メモ　動画撮影画面の機能を知っておこう

リール動画の撮影画面には、[音源] や [エフェクト] など多くの機能が用意されアイコンで表示されています。手際よくリール動画を作成できるようにアイコンの意味と機能の内容を確認しておきましょう。

❶ [音源]：動画のBGMを設定します
❷ [エフェクト]：動画にエフェクト（特殊効果）を設定します
❸ [Green Screen]：背景画像を設定します
❹ [お題]：リールのお題を選択し、参加できます
❺ [長さ]：リールの長さを15秒、30秒、60秒、90秒から選択できます
❻ [1×]：動画再生の速さを指定できます
❼ [レイアウト]：動画の画面レイアウトを指定できます
❽ [タイマー]：動画の長さを調節したり、既存の動画をトリミングしたりできます
❾ [デュアル]：リアカメラとフロントカメラの両方を使って撮影できます
❿ [ジェスチャーコントロール]：ジェスチャーで録画の開始や停止を行えます

楽曲の検索画面を表示する

④

［カメラ］が起動します。［音源］🎵をタップして、
楽曲選択画面を表示します。

1 ［音源］🎵をタップ

BGMの曲を指定する

⑤

楽曲のリストが表示されるので、検索ボックス
にキーワードを入力して、目的の曲をタップし
ます。

1 キーワードを入力

2 目的の曲をタップ

BGMに使う部分を指定する

⑥

スライダ　をドラッグして、曲の開始位置を指
定し、［完了］をタップします。なお、スライダ
をドラッグすると、歌詞が表示されます。

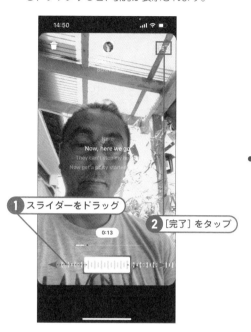

1 スライダーをドラッグ

2 ［完了］をタップ

📖 メモ　エフェクトギャラリーでお気に入りを探そう

エフェクト効果を比
較したいときは、［エ
フェクト］のアイコ
ン🌟をタップして、エ
フェクトギャラリー
を表示しましょう。
気になる効果をタッ
プすると、撮影画面
に効果が表示されま
す。エフェクトが決
まったら、エフェクト
ギャラリーを下にス
ワイプして閉じまし
ょう。

背景を変更する

[Green Screen] 🖼 をタップします。

1 [Green Screen] 🖼 をタップ

📖 メモ 「お題」に参加しよう

「お題」とは、「あなたの愛犬をシェアしよう」や「○○チャレンジ」など、インスタグラムや他のユーザーが提案する動画のテーマのことです。お題を利用すると、動画の内容に迷わずに済み、気軽にリールを投稿できます。

自分の映像のサイズと方向を指定する

背景が変更されます。画面上で2本の指先を回転させ、自分の映像の方向を指定します。なお、ピンチ操作で自分の映像のサイズを変更できます。

1 2本の指先を回転させて自分の映像の方向を指定

背景のリストを表示する

[背景を変更] をタップし、背景のリストを表示します。

1 [背景を変更] をタップ

背景画像を選択する

[シーン] をタップし、目的の背景画像をタップします。なお、自分が撮影した写真を背景に設定したい場合は、[カメラロール] をタップします。

1 [シーン] をタップ

2 目的の画像をタップ

⑪ 動画の長さのメニューを表示する

[長さ] 🔟をタップします。

⑫ 動画の長さを指定する

目的の動画の長さをタップします。ここでは、
[30] をタップします。

 再生スピードを設定する

リールでは、動画の再生速度を指定して、スローモーションや倍速再生動画など、おもしろい動画を撮影できます。スローモーションは、0.3倍と0.5倍の2種類、倍速再生は2倍、3倍、4倍の3種類が用意されています。再生速度を指定するには、[速度] のアイコン🔟をタップし、表示されるメニューで目的の速度をタップします。

⑬ 録画を開始する

シャッターボタンをタップして、録画を開始します。

 画面を分割する

画面を分割して撮影したい場合は、[レイアウト] 🔲をタップすると表示される [グリッドを変更] 🔳をタップして、2分割から6分割まで分割する画面の数を選択します。画面を分割た場合、最初のクリップは左上に、次のクリップはその右、その次は次の段の左と順番に画面を移動しながら表示させることができます。

6

動画を投稿しよう

タイマーで動画の長さを細かく設定しよう

動画の長さがあらかじめわかっている場合は、[タイマー] を使って0.1秒単位で動画の長さを指定することができます。[タイマー] をタップすると、スライダーが表示されるので、ドラッグして動画の長さを指定します。また、タイマーを設定すると、3秒または10秒のカウントダウンの後に自動的に録画を開始させることもできます。

スライダーをドラッグして動画の長さを指定します

[カウントダウン] の秒数をタップすると [3秒] と [10秒] を切り替えられます

リアカメラとフロントカメラ両方を使って撮影する

ニュースの中継のように目の前の光景を撮影しながら、自分の表情も見せたい場合は、[デュアル] ◙を利用しましょう。[デュアル] ◙をタップすると、フロントカメラ（前面カメラ）とリアカメラ（背面カメラ）が同時に起動し、リアカメラで撮影している光景に自分がコメントする姿を撮影できます。

ジェスチャーで録画を操作する

1人で動画を撮影する場合、離れた位置から録画開始、録画停止をしたいことがありますよね。そんな場合は、[ジェスチャーコントロール] ✋をタップすると、手のひらをみせることで録画の開始・停止を操作できるようになります。録画開始の場合、手のひらが認識されると、3秒のカウントダウンが開始されるので、慌てることなく録画に備えられます。

録画を開始する

録画が開始されます。30秒経過すると、自動的に録画が停止します。

1 録画が開始される

撮影を中断・再開・中止する

動画の撮影を途中で中断したいときは、[シャッター] ボタンをタップすると一時停止状態になります。撮影を再開したい場合は、再度 [シャッター] ボタンをタップします。また、撮影を中止したい場合は、[シャッター] ボタンをタップして一時停止状態にし、左上に表示される [×] をタップして、確認画面で [最初に戻る] をタップします。なお、これまでの動画を下書きとして残しておきたい場合は、確認画面で [下書きを保存] をタップします。

⑮ テキストの編集画面を表示する

テキストのアイコン🅰をタップし、テキストの編集画面を表示します。

1 テキストのアイコン🅰をタップ

⑯ 画面にテキストを書き込む

文字の配置🈁、文字の色⚫、エフェクト⚡、アニメーション🈂、フォントの種類をそれぞれ選択し、テキストを入力して、[完了]をタップします。

1 これらをタップして選択し

2 目的のフォントの種類をタップ

3 テキストを入力

4 [完了]をタップ

📖メモ　動画に音楽や文字などを追加する

撮影完了後に表示される画面（このページの最初の図参照）には、上部に5つのアイコンが表示され、これらの機能を利用すると、動画にスタンプや文字、ナレーションなどを追加できます。

❶[ダウンロード]：完成した動画をダウンロードできます
❷[音源]：動画に楽曲を追加できます
❸[エフェクト]：動画に特殊効果を追加できます
❹[スタンプ]：動画にスタンプを追加できます
❺[テキスト]：テキストを入力できます

📖メモ　テキストを入力する

このページの最初の図で、[テキスト]🅰をタップすると、テキストの編集に必要な4つのアイコンと画面左に文字サイズのスライダーが、画面下部に選択可能なフォントの一覧が表示されます。ツールバーの機能を確認して、楽しいテキストで動画を盛り上げましょう。

❶[配置]：タップするたびに文字の配置を変更できます
❷[文字色]：タップすると表示されるパレットで文字色を指定できます
❸[書式]：タップするたびにテキストの背景、影の設定を切り替えます
❹[アニメーション]：テキストの動きを設定します

動画の編集を終了する

[次へ]をタップし、動画の編集を終了します。

1 [次へ]をタップ

Facebookへのシェアを設定する

Facebookでのリール動画のシェアを設定します。許可する場合は、[許可する]を、後で設定する場合は[後で]をタップします。

1 [後で]をタップ

キャプションとハッシュタグを書き込む

キャプションとハッシュタグを入力し、[OK]を
タップします。

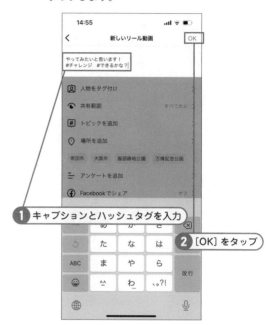

1 キャプションとハッシュタグを入力

2 [OK]をタップ

共有範囲の設定画面を表示する

[共有範囲]をタップして、共有範囲設定画面を
表示します。

1 [共有範囲]をタップ

共有範囲を指定する

目的の共有範囲を選択し、[完了] をタップします。ここでは、[親しい友達] をタップします。

1 [親しい友達] をタップ

共有範囲

リール動画を誰とシェアしますか?

👥 全員

⭐ 親しい友達
22人

ⓘ あなたのリール動画に「いいね!」やコメントをした親しい友達同士は、お互いのユーザーネームを見ることができます。しくみ

公開に設定されているあなたのアカウントのプライバシー設定には影響せず、Facebookでのシェア設定も変更されません。

完了

2 [完了] をタップ

リール動画を投稿する

リールについての内容を確認し、[シェアする] をタップします。

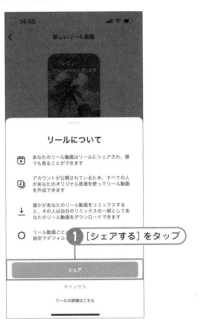

リールについて

📱 あなたのリール動画はリールにシェアされ、誰でも見ることができます

🎵 アカウントが公開されているため、すべての人があなたのオリジナル音源を使ってリール動画を作成できます

⬇ 誰かがあなたのリール動画をリミックスすると、その人は自分のリミックスの一部としてあなたのリール動画をダウンロードできます

⚙ リール動画ごとに...設定でデフォル...

1 [シェアする] をタップ

シェア

キャンセル

リールの詳細はこちら

6

動画を投稿しよう

[次へ] をタップする

[次へ] をタップします。

プレビュー
やってみたいと思います

カバーを編集

やってみたいと思います!
#チャレンジ #できるかな?

📷 人物をタグ付け >
🎵 共有範囲　　　　親しい友達 >
トピックを追加 >
📍 場所を追加 >

吹田市　大阪市　服部緑地公園　万博記念公園

1 [次へ] をタップ

下書きを保存　　　次へ

⚠ チェック

投稿した自分のリール動画を確認する

投稿した自分のリール動画を確認するには、[プロフィール] 画面を表示し、[リール] タブをタップするとリール動画の一覧が表示されます。

[プロフィール] 画面で [リール] タブを選択すると、自分のリール動画の一覧が表示されます

Key Word　既存の動画の投稿

41 既存の動画を編集してリールに投稿する

リールには、既存の動画を編集して投稿することができます。撮りためた動画を楽しく編集して投稿してみましょう。また、リールには、多くのテンプレートが用意されていて、簡単な操作で複雑な構成の動画を作成できます。

既存の動画をリールに編集して投稿する

1 既存の動画を編集してリールに投稿する

[投稿] をタップする

1 [投稿] ⊕ をタップ

2 リールの作成画面を表示する

画面下部のメニューで [リール] をタップします。

1 [リール] をタップ

 チェック **画面が新しくなった**

2023年4月のアップデートで、リールの音楽とステッカー、テキストを編集画面上で作成し、タイムラインで管理・編集することができるようになりました。リールの編集と管理が、わかりやすく、効率的に行えます。

動画を選択する

目的の動画をタップします。

1 目的のアルバムを選択
2 画面を上に向かってスワイプ

3 目的の動画をタップ

BGMと再生スピードを指定する

BGMの曲を選択し、再生スピードを選択して、
[次へ] をタップします。

1 BGMの曲を選択
2 再生スピードを選択
2 [次へ] をタップ

動画の編集画面を表示する

[動画を編集] をタップして、動画の編集画面を
表示します。

1 [動画を編集] をタップ

動画のタイムラインをタップする

動画のタイムラインをタップし、動画を選択し
ます。

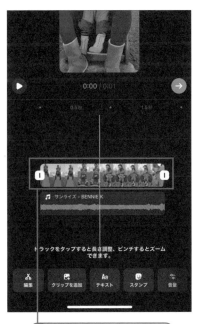

1 動画のタイムラインをタップ

動画の長さを調節する

動画末尾のマーカー ▮ を目的の長さになるまでドラッグし、左下の [<] をタップします。動画の先頭部分を編集したい場合は、先頭のマーカー ▮ をドラッグします。

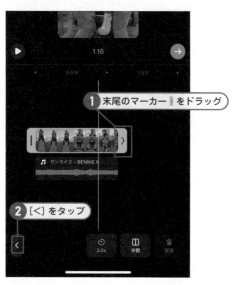

1 末尾のマーカー ▮ をドラッグ

2 [<] をタップ

動画を追加する

[クリップを追加] をタップし、動画の選択画面に戻ります。

1 [クリップを追加] をタップ

動画を選択する

目的の動画をタップします。

1 目的の動画をタップ

再生スピードを指定する

再生スピードを選択し、[次へ] をタップします。

1 再生スピードを選択

2 [次へ] をタップ

動画の長さを調節する

同様に動画の長さを調節し、[<] をタップします。

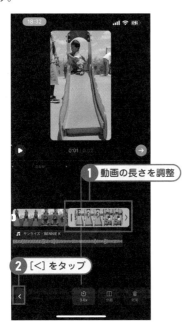

1 動画の長さを調整

2 [<] をタップ

動画を分割する

同様に動画を追加し、必要な部分の先頭位置に白いラインが来るようにタイムラインをドラッグし、[分割] をタップします。

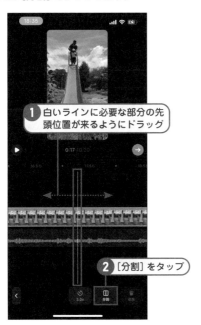

1 白いラインに必要な部分の先頭位置が来るようにドラッグ

2 [分割] をタップ

不要な動画を削除する

不要な部分をタップし選択して、[破棄] をタップします。

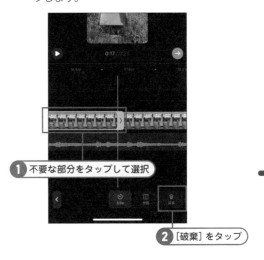

1 不要な部分をタップして選択

2 [破棄] をタップ

動画の破棄を確定する

[破棄] をタップし、不要な動画を削除します。

このクリップを破棄しますか？

このまま実行すると、このクリップは動画から削除されます。

破棄

破棄しない

1 [破棄] をタップ

ヒント 動画の音量を調節する

リール動画を作成する際、元の動画の音量はそのまま収録されます。動画の音量は、手順8の図に表示されている最下部のメニューを左に向かってスワイプし、[音量] をタップすると表示されるスライダーをドラッグして調節することができます。

動画の並び替え画面を表示する

［並び替え］をタップし、動画の並び替え画面を
表示します。

1 ［並び替え］をタップ

トラックをタップすると長さ調整、ピンチするとズーム
できます。

 動画を並び替える

目的の動画を目的の位置までドラッグします。

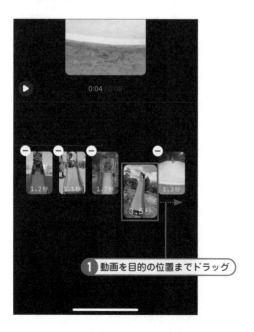

1 動画を目的の位置までドラッグ

 動画の並べ替えを完了する

［完了］をタップします。

ドラッグして並び替え

1 ［完了］をタップ

完了

 スタンプの選択画面を表示する

［スタンプ］をタップし、スタンプの選択画面を
表示します。

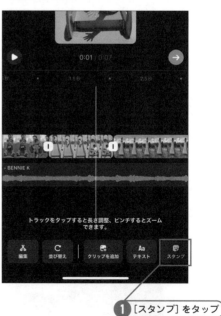

トラックをタップすると長さ調整、ピンチするとズーム
できます。

1 ［スタンプ］をタップ

19 スタンプを選択する

検索ボックスにキーワードを入力し、表示される候補から目的のスタンプをタップします。

20 スタンプのサイズを変更する

スタンプが中央に表示されるので、ピンチ操作でスタンプのサイズを調節します。

21 スタンプの位置を指定する

スタンプを目的の位置までドラッグします。

22 スタンプの編集を終了する

[完了] をタップします。

スタンプの表示範囲を指定する

スタンプのタイムラインをタップし、❮と❯を
ドラッグし、スタンプを表示する範囲を指定し
ます。

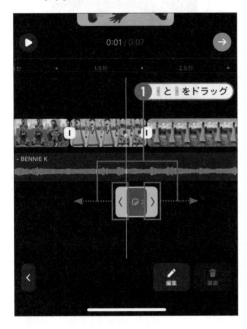

リールの編集を終了する

➡をタップします。

リールを投稿する

キャプションとハッシュタグを設定し、[次へ]
をタップして動画を投稿します。

ヒント　投稿したリールを非表示にしたい

投稿したリール動画を非表示にしたいときは、リール
動画をアーカイブします。リール動画をアーカイブす
るには、[プロフィール]画面を表示し[リール]タブ
🎬をタップして自分のリール動画一覧を表示し、目的
の動画を表示します。右のメニュー右の3つの点のア
イコン▦をタップし、[管理]→[アーカイブする]をタ
ップして、表示される確認画面で[アーカイブする]を
タップします。

テンプレートを使ってリールを作成する

 [新規投稿] 画面を表示する

[投稿] ⊞をタップします。

1 [投稿] ⊞をタップ

 テンプレートの選択画面を表示する

下部のメニューで [リール] をタップし、[テンプレート] をタップします。

1 [リール] をタップ

2 [テンプレート] をタップ

 テンプレートを選択する

テンプレートの一覧が表示されるので、目的のテンプレートをタップします。

1 目的のテンプレートをタップ

 動画の選択画面を表示する

[メディアを追加] をタップし、動画の選択画面を表示します。

1 [メディアを追加] をタップ

6

動画を投稿しよう

⑤ 動画を選択する

目的の動画をタップし、→ をタップします。

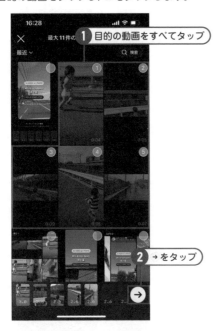

⑥ [次へ] をタップする

[次へ] をタップします。

⑦ リールを仕上げる

テキストやスタンプを挿入したりして、リール
を仕上げます。[次へ] をタップします。

⑧ 動画を投稿する

キャプションとハッシュタグを入力し、[次へ]
をタップして、動画を投稿します。

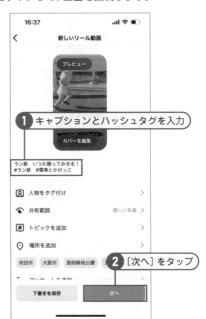

Key Word リミックスの使い方

42 リミックスして他の ユーザーと楽しくコラボ！

インスタグラムでは、他のユーザーのリールや投稿をリミックスして、自分の動画や投稿とコラボレーションさせることができます。他のユーザーのリールに自分の動画を表示させたり、文字やスタンプを挿入したりすることができます。

他のユーザーのリール動画と楽しくコラボしよう

1 **メニューを表示する**

目的のリール動画を表示し、右上の3つの点のアイコンをタップして、メニューを表示します。

2 **［リミックス］をタップする**

［リミックス］をタップします。

メモ **リミックスとは**

「リミックス」は、他のユーザーのリールや投稿と自分の動画をコラボレーションさせられる機能です。例えば、他のユーザーによる「ダイエットに効くストレッチの動画」に「元の動画に合わせてストレッチする自分の動画」を表示させることができます。なお、リミックスが可能なのは、①アカウントを公開し、②リミックスの許可を有効にしているユーザーの③2021年4月以降に投稿された作品です。

6

動画を投稿しよう

リミックスを開始する

リミックスの内容を確認し、[OK] をタップします。

1 [OK] をタップ

[カメラ] を起動する

[カメラ] のアイコン◉をタップし、[カメラ] を起動します。

1 [カメラ] ◉をタップ

自分の映像のサイズと位置を調整する

動画の上に自分の姿が表示されるので、ピンチ操作でサイズを調整し、ドラッグ操作で位置を調整します。

1 ピンチしてサイズを変更

2 ドラッグして位置を調節

📖メモ 画面を分割して撮影する

「画面を分割して元の動画を左、自分の動画を右に表示したい」、という場合は、手順5の図で上から4つ目のアイコン [レイアウト] をタップし、左右2分割、上下2分割、元画像がサムネール、背景に元画像の4種類から選択します。

画像の分割方法を選択する

6 録画を開始する

[シャッター] をタップして、録画を開始します。

1 [シャッター] をタップ

メモ 既存の動画を追加する

既存の動画を追加してリミックスを作成したいときは、手順6の図の右下にあるアイコン をタップすると、写真・動画の選択画面が表示されるので、目的の写真や動画を選択し、補正／加工して追加します。

---

7 録画を停止する

録画が開始されると、元のリール動画も再生が開始されます。[停止] をタップすると、録画が停止します。

1 [停止] をタップ

---

8 撮影を終了する

録画が停止され、元のリールの再生も停止します。[シャッター] を再度タップすると、録画とリールの再生が再開します。ここでは、[次へ] をタップします。

1 [次へ] をタップ

---

9 エフェクトギャラリーを表示する

[エフェクト] をタップし、エフェクトギャラリーを表示します。

1 [エフェクト] をタップ

エフェクトを選択する

目的のエフェクトをタップし、ギャラリーを下に向かってスワイプして閉じます。

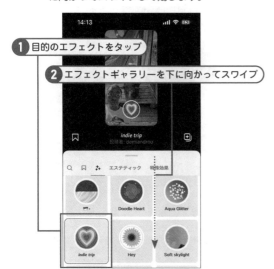

1 目的のエフェクトをタップ

2 エフェクトギャラリーを下に向かってスワイプ

リールの編集を終了する

エフェクトの効果が適用されます。[次へ] をタップします。

1 [次へ] をタップ

リールを投稿する

キャプションとハッシュタグを入力し、[シェア] をタップすると、新しいリール動画として投稿されます。

1 キャプションとハッシュタグを入力

2 [シェア] をタップ

 ヒント **写真でもリミックスできる**

フィードに投稿される写真とリミックスしたいときは、目的の写真を表示し、右上の3つの点のアイコンをタップして、メニューで [リミックス] をタップします。動画の撮影画面が表示されるので、エフェクトや音源を設定したり、レイアウトを指定したりしてから、動画を録画しましょう。また、動画の撮影画面の左下のアイコンをタップすると、既存の写真や動画を挿入することもできます。

メニューを表示する

目的のリールを表示し、3つの点のアイコンをタップしてメニューを表示します。

1 3つの点のアイコンをタップ

 シーケンスとは

「シーケンス」は、他のユーザーのリールや写真の後ろに、自分の動画や写真を追加してコラボできる機能です。元の画像や動画の後ろに自分の動画や画像を追加するだけなので、気軽に他のユーザーとコラボできます。

 [シーケンス] をタップする

[シーケンス] をタップします。

1 [シーケンス] をタップ

 動画の長さを調整する

タイムラインの先頭と末尾のマーカーをドラッグして長さを調整し、[次へ] をタップします。

1 マーカーをドラッグして長さを調整

2 [次へ] をタップ

 写真・動画の選択画面を表示する

左下のアイコンをタップし、写真・動画の選択画面を表示します。

1 左下のアイコンをタップ

 録画した動画を追加したい

シーケンスの作業の流れの中で、動画を録画して追加したい場合は、手順4の図で [シャッター] をタップし、録画を開始します。リールと同様にエフェクトや「お題」、レイアウトなどの機能を利用して、楽しい動画を撮影できます。

6

動画を投稿しよう

⑤ 動画を選択する

追加する動画をタップします。

1 目的の動画をタップ

⑥ 動画を編集する

動画の長さやサイズ、スピードなどを調整し、
[次へ] をタップします。

1 動画を編集

2 [次へ] をタップ

⑦ [次へ] をタップする

[次へ] をタップします。

1 [次へ] をタップ

⑧ 動画の内容を確認する

動画の内容を確認し、[次へ] をタップします。
必要であれば、BGMやスタンプ、テキストを挿
入しましょう。

1 [次へ] をタップ

リールを投稿する

キャプションやハッシュタグを設定し、[シェア] をタップしてリールを投稿します。

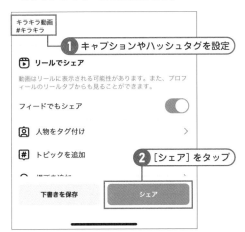

1 キャプションやハッシュタグを設定

2 [シェア] をタップ

リミックスを許可しないように設定する

[設定とプライバシー] 画面を表示する

[プロフィール] 画面で右上の3本線のアイコンをタップしてこのメニューを表示し、[設定とプライバシー] をタップします。

1 [設定とプライバシー] をタップ

[シェア・リミックス] 画面を表示する

[シェア・リミックス] をタップして、[シェア・リミックス] 画面を表示します。

1 [シェア・リミックス] をタップ

目的の投稿のリミックスを禁止する

[リール動画のリミックスを許可]、[フィード動画のリミックスを許可]、[投稿のリミックスを許可] で、リミックスを禁止するものをオフにします。

1 これらの設定をオフにする

 ヒント **リミックスを許可しない**

リミックスを有効にしていると、他のユーザーが自由に自分の動画や写真を加工して、再投稿することができます。自分の作品がリミックスされたくない場合は、この手順に従って、リミックスの許可を無効にしましょう。また、特定のリールや投稿のみをリミックス不許可にしたいときは、目的の作品を表示し、3つの点のアイコンをタップしてメニューを表示し、[リミックスとシーケンスをオフにする] をタップして、表示される確認画面で [オフにする] をタップします。

Key Word　ストーリーズの投稿

43 24時間限定公開！ストーリーズを投稿しよう

ストーリーは、24時間限定で公開される形式の投稿です。エフェクトを設定したりテキストを入力したりして、楽しく飾り付けた写真や動画を投稿することができます。楽しいことをストーリーズでシェアしてみんなで盛り上がりましょう。

ストーリーズを投稿してみよう

1 ストーリーズの投稿画面を起動する

[ホーム] 画面を右方向に向かってスワイプし、ストーリーズの投稿画面を表示します。

1 画面を右方向へスワイプ

2 写真を撮影する

ストーリーズの作成画面が表示されるので、[シャッター] をタップして、写真をタップします。なお、動画を投稿したいときは、[シャッター] を長押しすると録画が開始されます。

1 [シャッター] をタップ

 メモ　ストーリーズとは

「ストーリーズ」とは、24時間限定で公開され、最大60秒までの動画や写真、スライドショーを投稿できる機能です。公開から24時間を経過すると、ストーリーは削除されるため、気軽に投稿できるメリットがあります。また、さまざまな編集機能が用意され、簡単な操作で楽しい映像を作成できます。

 ヒント　既存の写真や動画をストーリーズに投稿する

既存の写真や動画をストーリーズに投稿したいときは、手順2の画面の左下のアイコン をタップすると、写真と動画のリストが表示されるので、目的の写真や動画を選択します。

③ テキスト入力画面を表示する

テキストのアイコン をタップして、テキスト入力画面を表示します。

1 テキストのアイコン をタップ

メモ 動画を投稿するには

ストーリーズに動画を投稿したい場合は、[シャッター]を長押しすると、録画が開始されるのでそのままボタンを押し続けます。[シャッター]から指を離すと、録画が停止します。

---

④ フォントを指定する

画面下部の一覧でフォントを選択し、テキストを入力します。

1 下部の一覧でフォントを選択
2 テキストを入力
3 ● をタップ

---

⑤ 文字色と書式を設定する

文字色のパレットが表示されるので、目的の色をタップします。Aをタップするたびに書式が切り替わるので、目的の書式を選択します。

1 目的の文字色をタップ
2 A をタップ

---

⑥ テキストにアニメーション効果を設定する

Aをタップして、アニメーション効果のオン/オフを切り替えます。[完了]をタップして、文字の入力を終了します。

1 A をタップ
2 [完了]をタップ

テキストをドラッグする

テキストを下に向かってドラッグします。

①テキストを下に向かってドラッグ

 テキストが移動した

テキストが移動します。指を離すと、テキストの移動が終了します。

①テキストが移動した

 スタンプギャラリーを表示する

スタンプのアイコン◎をタップし、スタンプギャラリーを表示します。

①スタンプのアイコン◎をタップ

 スタンプを選択する

目的のスタンプをタップします。

①目的のスタンプをタップ

スタンプのサイズと位置を調整する

ピンチ操作でスタンプのサイズを調整し、ドラッグ操作でスタンプを移動させます。

1 ピンチ操作でスタンプのサイズを調整

2 ドラッグしてスタンプの位置を調整

エフェクトの一覧を表示する

エフェクトのアイコンをタップし、エフェクトの一覧を表示します。

1 エフェクトのアイコン➕をタップ

エフェクトを選択する

エフェクトのリストをスワイプし、目的の効果を選択して、[完了] をタップします。

1 リストをスワイプしてエフェクトを選択

2 [完了] をタップ

ストーリーズの編集を終了する

→ をタップし、ストーリーズの編集を終了します。

1 → をタップ

ストーリーズに投稿する

[ストーリーズ] を選択し、[シェア] をタップして、写真をストーリーズに投稿します。

1 [ストーリーズ] をタップ

2 [シェア] をタップ

表示される画面の指示に従って投稿します

ストーリーズを視聴する

 ストーリーズを表示する

[ホーム] 画面の上部にあるユーザーのプロフィール画像をタップします。

1 プロフィール画像をタップ

 ストーリーが表示された

ストーリーズが表示されます。画面を左方向にスワイプして、次のストーリーに切り替えます。

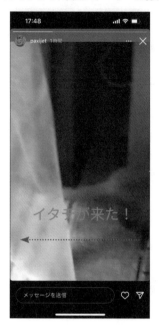

 お気に入りのストーリーズをプロフィールに表示する

店舗や商品の紹介など、積極的に見て欲しいストーリーズがある場合は、プロフィール画面の [ストーリーズハイライト] にストーリーズを丸いアイコンのリストで表示できます。ストーリーズを [ストーリーズハイライト] に登録するには、[プロフィール] 画面の上部にある [作成] のアイコン⊕をタップし、[ストーリーズハイライト] を選択すると表示されるストーリーズの一覧から目的のものを選択して、[次へ] をタップし、タイトルを入力して [追加] をタップします。

Key Word ライブ動画の配信

44 楽しさをみんなで共有！ライブ動画を配信しよう

ライブ動画は、撮影しながら配信できる動画中継機能です。動画にテキストを送信することもでき、臨場感ある映像で伝えることができます。楽しいイベントを撮影しながらリアルタイムで配信してみましょう。

ライブ動画を配信する

1 [投稿] をタップする

[ホーム] 画面で [投稿] ⊕ をタップします。

1 [投稿] ⊕ をタップ

 メモ ライブ動画とは

ライブ動画は、リアルタイムで撮影しながら動画を配信できる機能です。今起こっていることを楽しくて臨場感のある映像で伝えることができます。配信中に視聴者からの質問に答えたり、テキストでやり取りしたりすることもでき、視聴者との距離を縮めることもできます。定期的にライブ動画を配信して、楽しく盛り上がりましょう。

2 ライブ動画モードに切り替える

スワイプしてライブモードにします。

12:51

新規投稿　　次へ

最近の項目 ∨

2017年10月6日

0:30

投稿　ストーリーズ　リール　ラ

1 メニューを左へスワイプして [ライブ] に合わせる

タイトルの作成画面を表示する

[タイトル] 🖹 をタップして、タイトル作成画面を表示します。

1 [タイトル] 🖹 をタップ

 ### ライブ動画のタイトルを設定する

タイトルを入力し、[タイトルを追加] をタップして、ライブ動画のタイトルを設定します。

1 タイトルを入力

ぷぶ登場！

このタイトルはフォロワーと視聴者全員に表示されます。

2 [タイトルを追加] をタップ

タイトルを追加

 ヒント ### リハーサルができる

ライブ動画のリハーサルをするには、手順3の図で、左のメニューから [共有範囲] ◎ をタップし、表示されるメニューで [練習] をタップします。[共有範囲] を [練習] に設定すると、ライブ動画は誰にも通知されないため、テストや読み合わせなどのリハーサルを行えます。また、準備ができた時点で、[共有範囲] を [公開] に切り替えることができます。

 ### ライブ動画の配信を開始する

[シャッター] をタップして、ライブ動画の配信を開始します。

1 [シャッター] をタップ

 ### コメントを投稿する

コメント欄をタップして、コメントを入力し、[投稿する] をタップします。

1 コメントを入力

ライブ配信開始のお知らせをフォロワーに送信しています。

ライブ配信開始のお知らせを他のフォロワーにも送信しています。もう少しお待ちください。

2 [投稿する] をタップ

ウェーブを送信する

コメントが表示されます。他のユーザーが視聴を始めると、通知が表示されます。[ウェーブ]をタップします。

1 [ウェーブ] をタップ

ウェーブを送ろう

「ウェーブ」は、視聴者にあいさつする機能です。ウェーブを送信すると、相手の画面に大きくウェーブのイラストと[○○からウェーブが届きました]と表示されます。タップひとつで視聴者にアクションが取れるため、視聴者と気軽にコミュニケーションが取れて便利です。

ライブ配信を終了する

相手にウェーブが送信されます。[×]をタップして、ライブ配信を終了します。

1 [×] をタップ

配信の終了を確認する

[今すぐ終了]をタップして、ライブ配信を終了します。

1 [今すぐ終了] をタップ

[次へ]をタップする

ライブ配信を促す画面が表示されるので確認して、[次へ]をタップします。

1 [次へ] をタップ

ライブ動画をシェアする

リール動画として投稿する場合は [シェア] を、
動画を削除する場合は [動画を破棄] をタップ
します。ここでは、[シェア] をタップします。

ライブ動画の投稿について確認する

ライブ動画はリール動画として投稿されるとの
解説を確認し、[OK] をタップします。

ライブ動画をリールとして投稿する

リール動画の投稿画面が表示されるので、キャ
プションやハッシュタグを設定し投稿します。

ライブ動画を視聴する

ライブ動画の視聴を開始する

[ホーム] 画面の上部で、[LIVE] と表示された
プロフィール画像をタップします。

リクエストの送信をキャンセルする

[リクエストを送信] をタップすると、自分のフォロワーにこのライブ動画の配信について、参加リクエストを送信できます。なお、ここでは [キャンセル] をタップします。

1 [キャンセル] をタップ

 コメントを送信する

コメントを入力して、[投稿する] をタップして、配信者や他の視聴者と交流してみましょう。

1 コメントを入力

2 [投稿する] をタップ

📖 **メモ** ライブ配信に参加しよう

ライブ配信には、自分も番組に参加することができます。番組に参加するには、配信画面上に表示されている [参加をリクエスト] をタップすると、配信者に通知されるので、参加が認められれば、カメラが起動し2分割された画面上に自分のカメラの画像が表示されます。

 相手に [いいね！] を送る

[いいね！] 🖤 をタップし、今の気持ちに合ったスタンプをタップすると、画面上にスタンプが表示されます。

1 [いいね！] 🖤 をタップ

2 目的のスタンプをタップ

 ライブ動画の視聴を終了する

ライブ動画の配信を終了するとこの画面が表示されるので、左上の [×] をタップして終了します。

1 [×] をタップ

45 他のユーザーとの交流を促進する機能を使ってみる

インスタグラムには、友だちにちょっとしたつぶやきを聞いてもらえる「ノート」や、自分が気に入った場所や投稿などをまとめて紹介できる「まとめ機能」が用意されています。これらの機能を使って、いいたいこと、知ってほしいことをうまく伝えてみましょう。

ノートを使って親交を深めよう

1 メッセージ画面を表示する

[ホーム]画面の[メッセージ]のアイコン◎をタップします。

2 ノートの作成画面を表示する

自分のプロフィール画像をタップして、ノートの作成画面を表示します。

 自分のプロフィール画像をタップ

📖 メモ　**ノートとは**

「ノート」は、フォロワーや親しい友だちに対して、60文字以内のコメントを投稿できる機能で、投稿から24時間経過すると削除されます。"知ってる人にだけ伝えたい・教えたい"といった場合に便利です。

③ ノートを入力する

吹き出しにつぶやきたい内容を60文字以内で入力し、[シェア先] をタップします。

④ シェア先を選択する

目的のシェア先を選択し、[完了] をタップします。

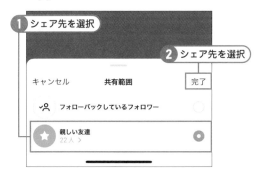

[親しい友達] とは

[親しい友達] リストは、直接連絡を取り合うなど、親しいフォロワーを登録できるリストです。[親しい友達] リストを設定しておくと、写真や動画、ストーリーズ、リール、ノートの共有範囲として選択できるようになります。フォロワーを [親しい友達] に登録するには、目的のユーザーのプロフィールを表示し、[フォロー中] をタップすると表示されるメニューで、[親しい友達リストに追加] をタップします。

⑤ BGMを設定する

[音源] ♪をタップして、表示される画面の指示に従ってBGMを設定します。

⑥ ノートをシェアする

選択した曲名が吹き出しに表示されます。[シェア] をタップして、ノートを投稿します。

ノートを利用できない

手順1の図で [メッセージ] をタップしても、手順2の画面に自分のプロフィール画像が表示されず、ノートを利用できないことがあります。この場合は、[Instagram] アプリをアップデートしたり、スマホのOSをアップグレードしたりしてみましょう。それでもノートを利用できない場合は、Threadsの利用を検討してみましょう。

7 ノートがシェアされた

ノートがシェアされました。

ノートで他のユーザーと交流しよう

1 メッセージ画面を表示する

ノートの投稿者のフォロワーの画面です。[ホーム] 画面で [メッセージ] ⊙をタップします。

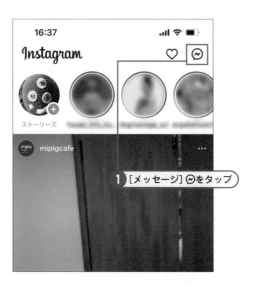

1 [メッセージ] ⊙をタップ

2 ノートの投稿があったユーザーをタップする

ノートの投稿があったユーザーのアイコンにノートの一部が表示されるので、タップします。

1 ノートが表示されているアイコンをタップ

3 コメントを投稿する

返信画面が表示されるのでコメントを入力し、[送信] をタップすると、コメントが投稿されます。

1 メッセージを入力 2 [送信] をタップ

メッセージの画面を表示する

ノートに返信があると［ホーム］画面の［メッセージ］のアイコン🔗に返信の数がバッヂで表示されるのでタップします。

1 ［メッセージ］🔗をタップ

返信があったユーザーのメッセージを表示する

［ノートに返信がありました］と表示されているユーザーのプロフィール画像をタップします。

1 返信のあったユーザーのアイコンをタップ

コメントに返信する

コメントに返信して交流を深めましょう。

ノートを削除する

ノートに投稿したコメントは、投稿から24時間経過すると自動的に削除されますが、それ以前に削除したい場合は、［ホーム］画面で［メッセージ］のアイコンをタップして、画面の上部で自分のプロフィール画像をタップし、表示される画面で［ノートを削除］をタップします。

まとめ機能で知ってほしいことをアピールしよう

1 メニューを表示する

画面下部で[プロフィール]をタップし、画面上にある[投稿]⊞をタップし、メニューを表示します。

1 [プロフィール]をタップ
2 [投稿⊞をタップ

2 [まとめ]をタップする

[まとめ]をタップします。

1 [まとめ]をタップ

3 まとめのタイプを選択する

まとめのタイプを選択します。ここでは[場所]を選択します。

1 [場所]をタップ

メモ　まとめ機能とは

「まとめ機能」は、自分や他のユーザーの投稿を自分が作成したテーマに沿って分類し、まとめて公開できる機能です。例えば、「夕日がきれいな海岸」というテーマを決めて、夕日がきれいな場所の投稿をまとめることができます。まとめ機能のタイプには、「場所」と「投稿」、「商品」の3つあります。

4 まとめる場所を指定する

場所の検索画面が表示されるので、キーワードを入力し、目的の場所をタップします。

1 キーワードを入力
2 目的の場所をタップ

まとめで紹介する写真を指定する

まとめで紹介する写真をタップし、[次へ]をタップします。なお、画像は最大5枚まで選択できます。

① まとめで紹介する画像をタップして選択

② [次へ]をタップ

チェック　他のユーザーの投稿を利用する場合の注意点

他のユーザーの投稿を利用してまとめを作成する場合、まとめが投稿されると同時に、まとめに投稿が使われたユーザーに通知が届きます。トラブルを避けるためにも、あらかじめ投稿者に許諾をとるか、自分の投稿を使ってまとめを作成しましょう。

[タイトルを追加]をタップする

「タイトルを追加」をタップして、編集可能な状態にします。

① [タイトルを追加]をタップ

まとめのタイトルを設定する

まとめのタイトルを入力します。

① タイトルを入力

場所を追加する

[場所を追加]をタップして、もう1件場所を追加します。

① [場所を追加]をタップ

場所を指定する

キーワードを入力し、検索結果で目的の場所をタップします。

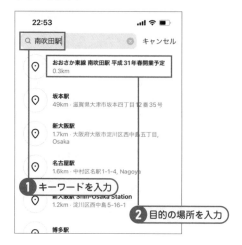

① **キーワードを入力**

② **目的の場所を入力**

⚠️ **チェック** **2件以上の登録が必要**

まとめを作成するには、2件以上の場所や商品、投稿を登録する必要があります。1件だけでは、まとめを作成することができません。

 まとめで紹介する写真を指定する

まとめに含める写真をタップして選択し、[完了]をタップします。

① **目的の写真をタップして選択**

② **[完了]をタップ**

 タイトルを編集する

選択した場所が追加されるので、タイトルを編集し、[次へ]をタップします。

① **タイトルを編集**

② **[次へ]をタップ**

 まとめを投稿する

[シェア]をタップして投稿します。

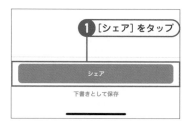

① **[シェア]をタップ**

 まとめが投稿された

まとめが投稿され、[プロフィール]画面の[まとめ]タブに表示されます。

まとめは[まとめ]タブにまとめられます

7章

インスタグラムで
ショッピングを楽しもう

インスタグラムには、大手メーカーから個人のショップまで、無数のプロアカウントが登録され、文房具にファッション、コスメティック、中古車など、あらゆる商品が販売されています。SNSでありながら、巨大なショッピングモールでもあるインスタグラムで、ショッピングを楽しんでみましょう。

46 インスタグラムで買える！ 売れる！ ショッピング機能を知っておこう

インスタグラムには、多くのメーカーやブランド、ショップが出店していて、巨大なショッピングサイトとしても機能しています。商品を売りたい人も、買いたい人も、インスタグラムのショッピング機能を上手に利用して楽しみましょう。

インスタグラムは巨大なショッピングサイト

自動車から食品まで、あらゆる商品が紹介、販売されています

インスタグラムには、世界中のメーカーやブランド、ショップが出店し、多くの商品を販売しています。カテゴリも自動車からファッションや化粧品、食品、文房具など多岐にわたっています。また、個人によるハンドメイド商品や情報商品、アートなど、一般に出回っていないような商品も数多くあります。インスタグラムを巨大なショッピングサイトとして利用し、楽しく買い物をしてみましょう。

友達と情報交換しながらショッピングを楽しめる

▼商品の動画を確認できる

▼ショップの投稿やまとめも チェックしよう

インスタグラムには、コメントやメッセージ、Threads など、他のユーザーとのさまざまな交流手段が用意されています。趣味の合う友達と商品やショップなどの情報交換をしながら、ショッピングを楽しんでみてはどうでしょう。気になる商品のリールや写真を共有したり、アカウントの情報を基に実際の店舗に足を運んでみたりするなど、いろいろな楽しみ方ができます。

インスタグラムは世界中から数億人が集まるマーケット

▼Instagram 's @shop

▼ショップ設定画面

インスタグラムの世界のアクティブユーザー数は、10億人といわれています。日本だけでも3,300万人もの人々がインスタグラムを利用しています。メーカーやショップにとって、これほどの集客力があり、魅力のあるマーケットはありません。インスタグラムでは、アカウントをプロアカウントに切り替え、Facebook ページと連携させることで、かんたんにオンラインストアを開設できます。

Key Word　ショップの検索

47 お気に入りのショップを見つけよう

2023年2月に［ショップ］タブが廃止になったため、ショップやブランドの検索は少し不便になってしまいました。それでも、検索機能をうまく使えば、効率よく目的のショップや商品を見つけて、ショッピングを楽しむことができます。

ショップの投稿から商品を探してみよう

1 ［発見］画面を表示する

画面下部で［発見］をタップし、表示される［発見］画面で検索ボックスをタップします。

1 ［発見］をタップ

2 キーワードで検索する

2 キーワードで検索する

商品名やブランド名などをキーワードに検索を実行します。

1 キーワードを入力

2 検索を実行

> ⚠️ チェック　［ショップ］タブが廃止された
>
> インスタグラムでは、2023年2月のアップグレードで、［ショップ］タブが廃止されました。［ショップ］タブがあった位置には［リール動画］タブが、中央には［作成］タブが表示されています。そのため、ショップやブランドのアカウントの検索が、少し手間のかかる作業となりましたが、キーワードを工夫して楽しみながら探してみましょう。

ショップの投稿を表示する

表示される検索結果で、バッグのアイコン が
表示された投稿をタップします。

❶ 右上にバッグのアイコンが表示された投稿をタップ

オンラインストアを表示する

[ショップを見る] をタップして、オンラインス
トアを表示します。

❶ [ショップを見る] をタップ

商品のリストを表示する

[すべて見る] をタップして、すべての商品をリ
ストで表示します。

❶ [すべて見る] をタップ

気になる商品のページを表示する

気になる商品をタップします。

❶ 商品をタップ

7 商品の詳細な情報ページが表示された

商品のページが表示されるので情報を確認します。

ショップのアカウントを探してみよう

 1 キーワードでアカウントを検索する

[発見] 画面で目的のキーワードで検索し、[アカウント] を選択して、アカウントのリストを表示し、気になるアカウントをタップします。

1 キーワードで検索を実行

2 [アカウント] をタップ

3 目的のアカウントをタップ

 2 ショップのオンラインストアを表示する

ショップの解説の下に表示されているURLをタップします。

1 URL をタップ

 3 オンラインストアが表示された

目的のショップのオンラインストアが表示されます

 ヒント 「Instagram's@shop」をフォローしよう

インスタグラムは、ショップやブランド、商品などの情報を配信する「Instagram's @ shop」アカウントを運営しています。Instagram's @ shopでは、ファッションやフード、コスメティックなど、さまざまなショップやブランド、商品の投稿を紹介しています。インスタグラムでのショッピングを楽しみたいユーザーは、フォローしておくとよいでしょう。なおInstagram's @ shopは [発見] タブで「@ shop」で検索すると検索結果に表示されます。なお「Instagram's @ shop」は、「@ shop」をキーワードに検索します。

気になる動画をタップする

目的のキーワードで検索し、[リール動画] を選択して、気になる動画をタップします。

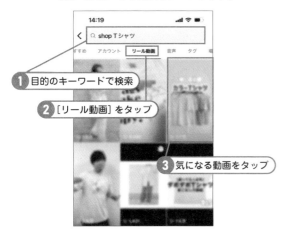

1 目的のキーワードで検索

2 [リール動画] をタップ

3 気になる動画をタップ

ヒント　リール動画でのプロモーションが盛ん

ショップやブランドによる商品の宣伝は、リール動画を利用したものが増えてきました。特にファッション関連商品では、店員やモデルが試着することで、商品をイメージしやすく、顧客との距離を縮められるメリットがあります。商品に興味がある場合は、ユーザーネームやURLをタップして、より詳しい商品情報を表示してみましょう。

 投稿者のプロフィールを表示する

投稿者のユーザーネームをタップして、プロフィールを表示します。

1 ユーザーネームをタップ

 オンラインストアを表示する

プロフィール画面が表示されるので、オンラインインストアへのURLをタップします。

1 URL をタップ

 オンラインストアが表示された

オンラインストアが表示されました。

オンラインストア開設の準備をしよう

インスタグラムでショップを運営したいときは、まずショッピング機能導入のための条件を確認してから準備を始めましょう。また、アカウントをプロアカウントに切り替えたり、Facebookページを作成したりするなどの準備が必要です。

インスタグラムでショップを開設するには

インスタグラムでオンラインストアを開設するには、まずショッピング機能導入の条件を満たしているか確認し、Facebookページと商品を準備して、インスタグラムのプロアカウントと連携させます。なお、このセクションでは、Facebookの準備とインスタグラムのアカウントのプロアカウントへの切り替えを解説します。

①ショッピング機能導入の条件を
　満たしているか精査

 ・・・・・・・・・・・・・・・・・・

④連携

②Facebook
　ページの作成

③プロアカウントへの
　切り替え

⑤商品の登録

⑥アカウントを審査

ショッピング機能導入の条件を満たしているか確認する

ショッピング機能を導入するための条件は、次の4点です。商品については、有形で法令順守されたものが対象です。なお、偽物の販売は、処罰の対象となります。条件を確認して、出店準備を進めましょう。

・Instagramショッピングを利用できる国に拠点がある：日本は対象国
・Instagramのショップで販売可能な商品を扱っている：有形で法令順守された商品
・販売者契約とコマースポリシーを遵守している
・ビジネスで所有しているウェブサイトドメインで商品を販売する予定である

Facebookページを作成する

メニューを表示する

[Facebook] アプリを起動し、下部で [メニュー] をタップします。

1 [メニュー] をタップ

Facebookページの作成画面を表示する

[作成] をタップし、Facebookページの作成画面を表示します。

1 [作成] をタップ

メモ Facebookページとは

「Facebookページ」は、企業などが、会社名や商品名、ブランド名などで作成している、Facebookのビジネス向けのページです。インスタグラムでオンラインストアを運営するには、この手順に従ってFacebookページを作成する必要があります。

Facebookページを作成する

Facebookの作成画面が表示されるので、[利用を開始] をタップし、表示される画面の指示に従ってFacebookページを作成します。

1 [利用を開始] をタップ

表示される画面の指示に従ってFacebookページを作成する

[Facebookページ] 画面を表示する

[ページ] をタップして、[Facebookページ] 画面を表示します。

1 [ページ] をタップ

7

インスタグラムでショッピングを楽しもう

プロアカウントに切り替える

 メニューを表示する

［プロフィール］画面を表示し、右上の3本線の
アイコン☰をタップしてメニューを表示します。

1 ☰をタップ

 プロアカウントでできること

「プロアカウント」とは、ビジネス用のアカウントで、
主に企業やクリエイター、インフルエンサー（影響力
のある人のこと）などが利用します。プロアカウント
には、クリエイター用とビジネス用があり、どちらも
Instagramショッピング機能を利用できます。ビジネ
ス用は主に企業やショップ、ブランドなどが登録し、
クリエイター用はクリエイターや個人、ショップなど
が登録する傾向にあります。

 ［設定］画面を表示する

［設定とプライバシー］をタップして、［設定とプ
ライバシー］画面を表示します。

1 ［設定とプライバシー］をタップ

 ［アカウント］画面を表示する

上に向かってスワイプして下部を表示し、［アカ
ウントの種類とツール］をタップします。

1 ［アカウントの種類とツール］をタップ

 ［プロアカウントに切り替える］をタップする

［プロアカウントに切り替える］をタップして、
プロアカウントの設定画面を表示します。

1 ［プロアカウントに切り替える］をタップ

プロアカウントの解説を確認する

プロアカウントの解説が表示されるので、左に向かってスワイプして画面を切り替え、内容を確認し、[次へ] をタップします。

① プロアカウントについての内容を確認

② [次へ] をタップ

活動のカテゴリを指定する

内容に合ったカテゴリをタップし、[完了] をタップします。

① 活動内容に合ったカテゴリをタップ

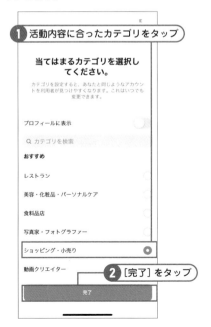

② [完了] をタップ

アカウントの種類を選択する

アカウントの種類に [ビジネス] を選択し、[次へ] をタップします。

① [ビジネス] をタップ

② [次へ] をタップ

プロモーションメール受信を設定する

プロモーションメールの受信を選択し、[次へ] をタップします。

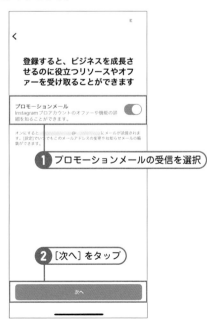

① プロモーションメールの受信を選択

② [次へ] をタップ

9 住所の登録画面を表示する

既に登録されている個人情報が表示されるので
確認し、[ビジネスの住所] をタップして、住所
の登録画面を表示します。

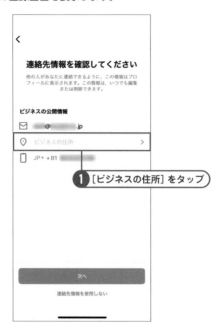

① [ビジネスの住所] をタップ

10 アカウントの内容を確認する

ショップや事務所の住所と郵便番号を入力し、
[完了] をタップします。

① 住所と郵便番号を入力

② [完了] をタップ

11 連絡先情報を確認する

登録内容を確認し、[次へ] をタップします。

① 登録内容を確認

② [次へ] をタップ

12 Facebookページと連携する

登録したFacebookページが表示されるので選
択し、[次へ] をタップします。

① 目的のFacebookページを選択し

② [次へ] をタップ

⚠ チェック　Facebookページとリンクすることのデメリット

1つのFacebookページに対して、リンクできる
Instagram アカウントは1つだけです。また、
Facebookページとリンクすると、Instagramアカウ
ントは非公開アカウントに設定できなくなります。

ビジネスアカウント詳細の入力画面を表示する

 [アイデアを見る] をタップする

続けて次の画面が表示されるので、[アイデアを見る] をタップします。なお、設定の内容によって、表示されるメニューの数と内容が異なります。

プロアカウントを設定する

Instagramでオーディエンスとつながるためのプロフェッショナルツールを利用できるようになりました。今すぐ始めよう。

1/5 ステップ完了

🏪 **アイデアを見る**
他のプロフェッショナルが作成しているものからヒントを得ることができま... ＞

➕👤 **ファンを増やそう**
友達にアカウントのフォローをリクエストします。 ＞

🎬 **ブランドをアピール**
① [アイデアを見る] をタップ ＞

💡 **ヒント** **プロフィールに連絡先を表示できる**

プロアカウントに切り替えると、プロフィールに店舗やオフィスの連絡先を表示できるようになります。これによって、ユーザーが気軽に問い合わせでき、オンラインストアへのアクセス増加や売上向上につなげることができます。

 参考になるアカウントをフォローする

参考にしたいビジネスアカウントをフォローします。

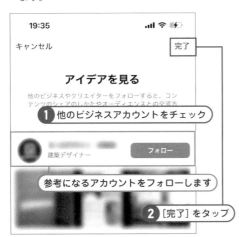

 [ファンを増やそう] をタップする

[ファンを増やそう] をタップして、招待状の送付画面を表示します。

プロアカウントを設定する

Instagramでオーディエンスとつながるためのプロフェッショナルツールを利用できるようになりました。今すぐ始めよう。

2/5 ステップ完了

➕👤 **ファンを増やそう**
友達にアカウントのフォローをリクエストします。 ＞

🎬 **ブランドをアピール**
リール動画を作成することであなたの目標や素晴らしいアイデアをシェアで... ＞

📋 **目標をお聞かせください**
これにより、あなたの目標達成に貢献しそうなオーディエンスとつながりや ＞

① [ファンを増やそう] をタップ

 友だちを招待する方法を指定する

友達を招待する方法をタップし、表示される画面でインスタグラムのURLを送付します。その後、この画面に戻るので [完了] をタップ。

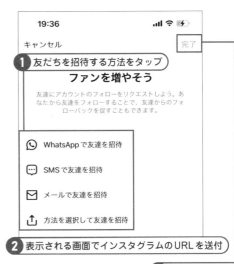

⑤ [自己紹介しよう] をタップする

[自己紹介しよう] をタップして、[新規投稿] 画面を表示します。

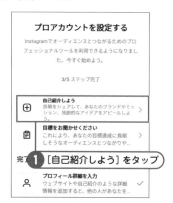

①[自己紹介しよう] をタップ

メモ 定期的に写真や動画を投稿しよう

ビジネスを印象付けるためには、商品やサービスに関する写真や動画を定期的に投稿しましょう。写真や動画を適度に発信すると、企業や店舗のイメージを印象付けたり、商品への関心を惹いたりすることができます。なお、あまり頻繁に投稿すると不快に感じるユーザーもいます。適度に定期的に投稿しましょう。

---

⑥ 投稿作成画面を表示する

投稿作成するための表示を出します。

①[投稿を作成] をタップ

---

⑦ 写真または動画を投稿する

[新規投稿] 画面が表示されるので、商品などの写真や動画を投稿してアピールしましょう。なお、最低3回、写真や動画を投稿する必要があります。

---

⑧ [4/5ステップ完了] をタップする

[プロフィール] 画面を表示し、上部に表示されている [4/5ステップ完了] をタップします。

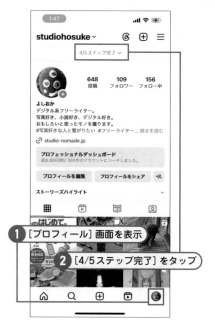

①[プロフィール] 画面を表示

②[4/5ステップ完了] をタップ

[目標をお聞かせください] をタップする

[目標をお聞かせください] をタップし、ビジネスの目標のアンケート画面を表示します。

① [目標をお聞かせください] をタップ

💡 **ヒント** プロアカウントを個人用アカウントに戻すには

プロアカウントを個人用アカウントに戻すには、[プロフィール] 画面で ☰ をタップし、メニューで [設定] をタップして、[アカウント] をタップすると表示される画面で、[個人用アカウントに切り替える] をタップします。

 表示を増やしたい項目を選択する

表示を増やしたい項目を2つ選択し、[次へ] をタップします。

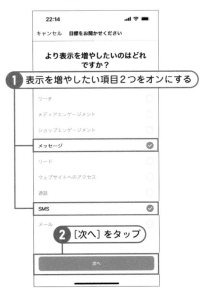

① 表示を増やしたい項目2つをオンにする

② [次へ] をタップ

 人とつながる方法を選択する

人とつながるための方法を2つ選択し、[完了] をタップします。

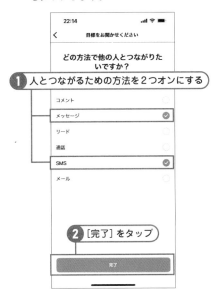

① 人とつながるための方法を2つオンにする

② [完了] をタップ

 プロアカウントの設定が完了した

[完了] をタップし、プロアカウントの設定を終了します。

① [完了] をタップ

プロアカウントの設定が完了しました

Key Word オンラインストアの開設

49 オンラインストアを 開設しよう

インスタグラムでオンラインストアを開設するには、Facebookページにビジネスアカウントを追加し、商品カタログを登録して、インスタグラムとの連携を設定します。なお、ショップの開設方法はいくつかありますが、ここでは基本的な方法を解説します。

Facebookページにビジネスアカウントを追加する

 Meta Business Suiteを表示する

パソコンのWebブラウザーでFacebookページを表示し、左のメニューで [その他のツール] の ✓ をタップして [Meta Business Suite] をタップします。

1 [その他のツール] の ✓ をタップ

2 [Meta Business Suite] をクリック

 ビジネスアカウントの作成画面を表示する

自分のアカウントをクリックすると表示されるメニューで [ビジネスアカウントを作成] をクリックします。

1 自分のアカウントをクリック

2 [ビジネスアカウントを作成] をクリック

 メモ　Meta Business Suiteとは

「Meta Business Suite」は、Facebookとインスタグラムでのマーケティングや広告、販売などを効率的に管理するためのツールです。連携されたFacebookとインスタグラムのアカウントを一括で操作することができ、投稿やメッセージの確認なども一元的に管理できます。

③ ビジネスアカウントを作成する

ビジネスアカウント名を入力し、自分の姓名を入力して、ビジネス用のメールアドレスを入力し、[作成] をクリックします。

Facebookページにビジネスアカウントを追加する

FacebookやインスタグラムのEコマースを設定するには、コマースマネージャを利用しますが、そのためには、この手順に従ってビジネスアカウントを取得する必要があります。操作を誤ってビジネスアカウントの申請を何度か実行すると、ビジネスアカウント取得の上限に達してしまうため注意が必要です。

---

④ 対象となるFacebookページを指定する

インスタグラムにリンクされているFacebookページをオンにして、[次へ] をクリックします。

---

⑤ メンバーを追加する

必要な場合はメールアドレスを入力し、関係性を選択してメンバーを追加し、[次へ] をクリックします。なお、ここでは [スキップ] をクリックします。

1 [スキップ] をクリック

---

⑥ ビジネスアカウントが作成された

[確認] をクリックし、ビジネスアカウントが作成します。

1 [確認] をクリック

ビジネスアカウントが作成された

Facebookページのカタログに商品を登録する

ツールのリストを表示する

Meta Business Suiteのページを表示し、[すべてのツール]をクリックします。

1 [すべてのツール]をクリック

メモ コマースマネージャとは

Meta Business Suiteのコマースマネージャは、Facebookとインスタグラムでの商品の販売やカタログを管理するためのプラットフォームです。FacebookページとInstagramアカウントを連携し、商品カタログを登録することで、インスタグラムに商品を表示することができるようになります。

コマースマネージャを起動する

[商品やサービスを販売]にある[コマース]をクリックします。

1 [コマース]をクリック

[開始する]をクリックする

[開始する]をクリックし、設定を開始します。

1 [開始する]をクリック

カタログの作成を開始する

[カタログを作成]を選択し、[開始する]をクリックしてカタログの作成を開始します。

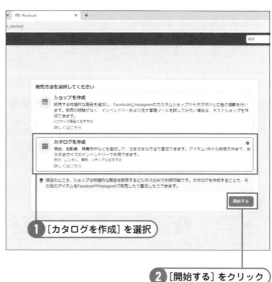

1 [カタログを作成]を選択

2 [開始する]をクリック

カタログのタイプを選択する

⑤

カタログのタイプに [Eコマース] の [オンライン商品] を選択し、[次へ] をクリックします。

❶ [オンライン商品] を選択

❷ [次へ] をクリック

カタログの作成方法を指定する

⑥

[商品情報をアップロードする] を選択し、[カタログの所有者] と [カタログ名] を確認して、[作成] をクリックします。

❶ [商品情報をアップロードする] を選択

❷ [カタログの所有者] と [カタログ名] の内容を確認

❸ [作成] をクリック

カタログを表示する

⑦

[カタログを見る] をクリックし、作成されたカタログを表示します。

❶ [カタログを見る] をクリック

[アイテムを追加] をクリックする

⑧

[アイテムを追加] をクリックし、商品の追加画面を表示します。

❶ [アイテムを追加] をクリック

既存のオンラインストアのカタログを取り込む

既にオンラインストアを運営し、その商品カタログを取り込みたい場合は、手順6の図で [パートナープラットフォームにリンク] を選択して操作を進めます。なお、この機能を利用して商品カタログを取り込めるのは、次のプラットフォームです。

- ・Shopify
- ・BigCommerce
- ・ChannelAdvisor
- ・CommerceHub
- ・Feedonomics

- ・CedCommerce
- ・adMixt
- ・DataCaciques
- ・Quipt
- ・Zentail

- ・Magento
- ・OpenCart
- ・WooCommerce

7

インスタグラムでショッピングを楽しもう

商品の追加方法を指定する

アイテムを追加する方法を選択します。なお、ここでは［手動］を選択し、［次へ］をクリックして手動で商品情報を登録します。

1 ［手動］を選択

2 ［次へ］をクリック

 商品画像の設定画面を表示する

タイトルや説明、ウェブサイトリンクなど、必要事項をすべて入力し、［画像］のアイコン 🖼 をクリックします。

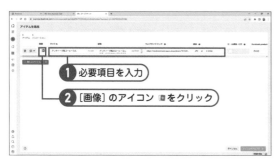

1 必要項目を入力

2 ［画像］のアイコン 🖼 をクリック

 商品画像を設定する

目的の商品写真を点線の枠内にドラッグするか、［デバイス上のファイルを選択］をクリックすると表示される画面で商品写真を指定します。

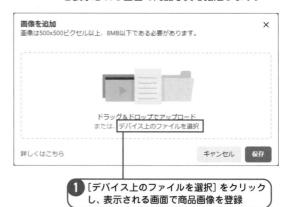

1 ［デバイス上のファイルを選択］をクリックし、表示される画面で商品画像を登録

 商品画像を保存する

［保存］をクリックし、商品画像を登録します。

1 ［保存］をクリック

商品情報をアップロードする

同様の手順で商品をカタログに登録し、[アイテムをアップロード]をクリックします。

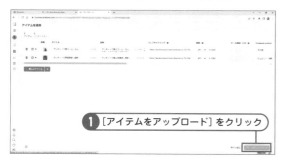

1 [アイテムをアップロード]をクリック

カタログに商品が登録された

カタログに商品が登録されます。

インスタグラムでショップ設定を実行する

メニューを表示する

[プロフィール]画面を表示し、右上の3本線のアイコン ≡ をタップしてメニューを表示します。

1 ≡をタップ

[設定とプライバシー]画面を表示する

[設定とプライバシー]をタップして、[設定とプライバシー]画面を表示します。

1 [設定とプライバシー]をタップ

[ビジネス] 画面を表示する

[ビジネスツールと管理] をタップし、[ビジネス] 画面を表示します。

1 [ビジネスツールと管理] をタップ

[ショップ設定] 画面を表示する

[ショップを設定] をタップし、[ショップを設定] を起動します。

1 [ショップを設定] をタップ

ショップの設定を開始する

[開始する] をタップして、ショップの設定を開始します。

1 [開始する] をタップ

リンクするビジネスアカウントを指定する

インスタグラムのプロアカウントとリンクするFacebookページのビジネスアカウントを指定し、ビジネス用のメールアドレスを入力して、[次へ] をタップします。

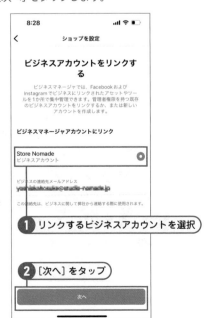

1 リンクするビジネスアカウントを選択

2 [次へ] をタップ

新しいカタログを追加する

[新しいカタログ] を選択し、[次へ] をタップします。

1 [新しいカタログ] を選択

2 [次へ] をタップ

支払方法を指定する

商品の販売場所を [アプリでチェックアウト] または [ウェブサイトでチェックアウト] から選択し、[次へ] をタップします。なお、ここでは [アプリでチェックアウト] を選択します。

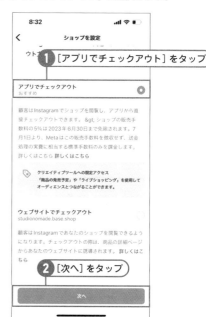

1 [アプリでチェックアウト] をタップ

2 [次へ] をタップ

オンラインストアのURLを登録する

オンラインストアのURLを入力し、[次へ] をタップします。

1 オンラインストアのURLを入力

2 [次へ] をタップ

Shop Pay を有効にする

[支払方法でShopifyのShop Payを有効にする] をオンにし、[次へ] をタップします。

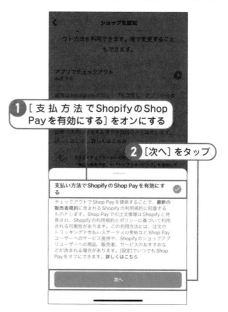

1 [支 払 方 法 でShopifyのShop Payを有効にする] をオンにする

2 [次へ] をタップ

ショップの審査を申請する

登録した内容を確認し、これをオンにして、[審査を申請] をタップし、審査が開始されます。

1 これをオンにする

2 [審査を申請] をタップ

ショップの審査の申請が開始されます

[次へ] をタップする

[次へ] をタップします。

1 [次へ] をタップ

メモ ショップの審査を申請する

ショップの準備が整ったら、ショップの審査を申請します。審査期間は、約1週間です。なお、審査を通過しない場合は、以下のような理由が考えられますので、確認しましょう。

● FacebookとInstagramが正しく連携できていない
● Facebookページに登録した商品の情報が不足している
● Facebookページに正しくビジネスアカウントが設定されていない
● 取扱商品が規約に違反している
● ショップのドメインが認証されていない
● アカウント作成から日が浅い

設定を終了する

[終了] をタップして、ショップ設定を終了します。

1 [終了] をタップ

作業を終了する

注意の内容を確認し、[終了] をタップします。

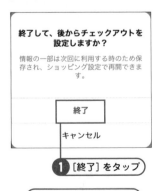

1 [終了] をタップ

ショップ設定が終了した

商品写真にタグを付ける

[商品をタグ付け] をタップする

商品の写真を [新規投稿] 画面で表示し、[商品をタグ付け] をタップします。

商品画像をタップする

商品写真をタップし、[ショップを選択] 画面を表示します。

ショップを指定する

キーワードでショップを検索し、自分のショップを選択します。

商品を指定する

目的の商品をタップします。

タグ付けを完了する

[完了] をタップし、商品のタグ付けを完了します。

1 [完了] をタップ

 商品画像を投稿する

キャプションやハッシュタグなどを設定し、[シェア] をタップして投稿します。

 ヒント **BASEでオンラインストアを運営している場合**

BASEで運営しているオンラインストアとインスタグラムを連携させたい場合は、BASEが用意している [Instagram販売] アプリを利用します。[Instagram販売] アプリを利用すると、オンラインストアにある商品カタログをそのままFacebookページに登録でき、手間を大きく省くことができます。詳しい設定方法は、BASEのWebサイトで確認することができます。

8章

インスタグラムをもっと
安全に便利に使おう

インスタグラムは、X（Twitter）のように開かれた SNS
ではありませんが、危険がないわけではありません。投
稿が元で起こるトラブルに備えて、投稿の削除や特定の
ユーザーのブロック、アカウントの非公開など、セキュ
リティをかためる方法を知っておいた方がよいでしょ
う。

Key Word 投稿の非表示

50 投稿を非表示にしよう

インスタグラムに投稿した写真は、後から削除したり、非表示にしたりすることができます。写真が元でトラブルになった場合に備えて、投稿を非表示にする方法を知っておいた方がよいでしょう。

投稿を削除する

メニューを表示する

削除する投稿を表示し、右上の3つの点のアイコン … をタップしメニューを表示します。

① … をタップ

Android版の場合は ⁝ をタップします

投稿を削除する

目的の投稿を削除します。

① [削除] をタップ

複数の投稿を一度に削除できない

インスタグラムでは、一度に複数の投稿を削除することはできません。投稿された写真を削除する場合には、この手順に従ってひとつひとつ削除する必要があります。なお、削除した投稿は、復元できないため、投稿の削除には注意が必要です。

投稿が削除された

確認の画面が表示されるので、[削除] をタップして投稿を削除します。

1 [削除] をタップ

投稿が削除されます

投稿をアーカイブに移す

 メニューを表示する

削除する投稿を表示し、右上の3つの点のアイコン…をタップしてメニューを表示します。

1 …をタップ

Android版の場合は ⋮ をタップします

📖 メモ **アーカイブってどういう機能？**

アーカイブは、一旦投稿した写真を非公開にできる機能です。写真の出来が良くなかったり、公開すると問題があったりするなどの理由で非公開にしたい場合に利用します。写真を削除しないため、再度公開することもできます。

 写真をアーカイブに移動させる

「アーカイブする」をタップします。

1 [アーカイブする] をタップ

投稿がアーカイブに移動されます

アーカイブした投稿を再表示する

 メニューを表示する

[プロフィール] 画面を表示し、右上の3本線のアイコン ≡をタップして、メニューを表示します。

1 [プロフィール画面] を表示

2 ≡をタップ

[投稿アーカイブ] 画面を開く

[アーカイブ] をタップして、[アーカイブ] 画面
を表示します。

① [アーカイブ] をタップ

再表示する投稿をタップする

[投稿アーカイブ] 画面が表示されるので、目的
の投稿をタップします。

① 目的の投稿をタップ

メニューを表示する

目的の投稿が表示されるので、右上の3つの点
のアイコン … をタップし、メニューを表示しま
す。

① … をタップ

Android版の場合は ⋮ をタップします

[プロフィールに表示] をタップする

[プロフィールに表示] をタップすると、アーカ
イブから [プロフィール] 画面の投稿一覧に戻
されます。

① [プロフィール] に表示をタップ

Key Word コメントの制御

51 コメントが書き込まれないようにしたい

投稿には、コメントの書き込みを無効にする機能が用意されています。誹謗中傷を書かれるなどの理由で、コメントの書き込みをやめてほしいときに便利です。コメント機能を制御して、上手にユーザーとコミュニケーションを取りましょう。

特定の投稿へのコメントの書き込みを無効にする

1 メニューを表示する

目的の投稿を表示し、右上の3つの点のアイコン … をタップして、メニューを表示します。

1 …をタップ

Android版の場合は ⋮ をタップします

メモ コメントをオンに戻すには

コメントの書き込みを有効に戻すには、同様に手順2のメニューを表示し、[コメントをオン] をタップします。

2 目的の投稿へのコメントを無効にする

コメントをオフにして無効にします。

1 [コメントをオフ] をタップ

コメント欄が非表示になります

投稿時にコメントをオフに設定する

1 詳細設定画面を表示する

[新規投稿]画面の投稿直前の画面で、最下部の[詳細設定]をタップします。

[詳細設定]をタップ

2 コメントの書き込みを無効にして投稿する

[コメントをオフ]をオンにして、左上の[<]をタップし、1つ前の画面に戻って、[シェア]をタップします。

1 [コメントをオフ]をオンにする

2 [<]をタップ

3 1つ前の画面に戻るので[シェア]をタップ

誹謗中傷を書き込まれないようにしたい

1 [オプション]画面を表示する

[プロフィール]画面を表示し、右上の3本線のアイコン ≡をタップして、メニューを表示します。

1 [プロフィール]画面を表示

2 ≡をタップ

2 [設定とプライバシー]画面を表示する

[設定とプライバシー]をタップし、[設定とプライバシー]画面を表示します。

1 [設定とプライバシー]をタップ

[非表示ワード] をタップする

[非表示ワード] をタップします。

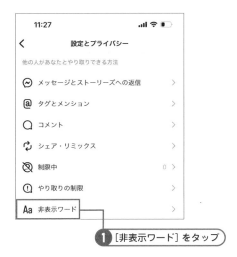

1 [非表示ワード] をタップ

機能の内容を確認する

この画面の機能で制御できる内容を確認し、[次へ] をタップします。

1 内容を確認

2 [次へ] をタップ

不適切な単語を含むコメントやメッセージを非表示にする

これら3つをオンにして、不適切な単語を含むコメントやメッセージを非表示にし、上にスワイプして下部を表示します。

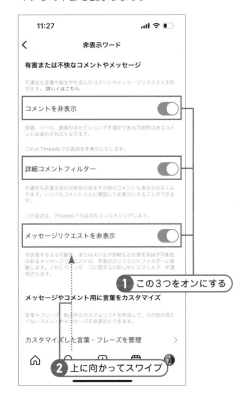

1 この3つをオンにする

2 上に向かってスワイプ

[言葉やフレーズを追加] 画面を表示する

[コメントを非表示] をオンにし、[カスタマイズした言葉・フレーズを管理] をタップして、[言葉やフレーズを追加] 画面を表示する。

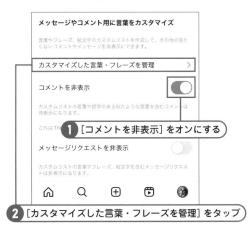

1 [コメントを非表示] をオンにする

2 [カスタマイズした言葉・フレーズを管理] をタップ

不適切な単語のリストを表示する

［タップしてリストを見る］をタップし、登録された不適切な単語のリストを表示します。

① ［タップしてリストを見る］をタップ

 不適切な単語がリストに追加されました

単語リストに指定の単語が追加されました。

不適切なキーワードを含むコメントが表示されなくなります

 望まないやり取りを抑制する

いやがらせを受けている場合、自分がフォローしていないユーザーやフォロワーになったばかりのユーザーからのコメント、ダイレクトメッセージを一定期間非表示にすることができます。望まないやり取りを抑制するには、［プロフィール］画面で3本線のアイコンをタップしてメニューを表示し、［設定とプライバシー］→［やり取りの制限］→［次へ］をタップして、［抑制］画面を表示します。［あなたをフォローしていないアカウント］と［最近のフォロワー］をオンにし、抑制する期間を指定して［利用する］をタップします。

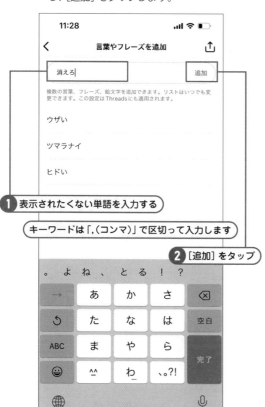 **不適切な単語をリストに追加する**

リストを確認し、表示されたくない単語を入力し、［追加］をタップします。

① 表示されたくない単語を入力する

キーワードは「,（コンマ）」で区切って入力します

② ［追加］をタップ

Key Word アカウントの非公開

52 知らない人からフォロー されないようにするには

知らない人からのフォローがわずらわしい場合は、アカウントを非公開にして、相手からのフォローリクエストの認証判断を自分でできるようにします。その場合、プロフィールやフォロワーリスト、投稿した写真・動画などの情報が非公開になります。

アカウントを非表示に設定する

 メニューを表示する

[プロフィール] 画面を表示し、右上の三本線のアイコン≡をタップして、メニューを表示します。

1 [プロフィール] 画面を表示

2 ≡をタップ

 [設定とプライバシー] 画面を表示する

[設定とプライバシー] をタップし、[設定とプライバシー] 画面を表示します。

1 [設定とプライバシー] をタップする

studiohosuke

- 設定とプライバシー
- Threads **NEW**
- アクティビティ
- アーカイブ
- インサイト
- QRコード
- 保存済み
- ペアレンタルコントロール
- 注文と支払い
- Meta認証 **NEW**
- 親しい友達
- お気に入り
- フォローする人を見つけよう

 ヒント アカウントを非公開にする

インスタグラムのアカウントを非公開に設定すると、フォロワーでないユーザーがプロフィールを開いても、投稿した写真やフォロワーリスト、フォロー中のリストなどの情報が表示されなくなります。また、フォローリクエスト（フォロワーになるための申請）が送信された場合に、フォローするかしないかの判断を自分でできるようになります。

8

インスタグラムをもっと安全に便利に使おう

アカウントを非公開に設定する

[アカウントのプライバシー] をタップし、[アカウントのプライバシー設定] 画面を表示します。

1 [アカウントのプライバシー] をタップ

チェック　フォローリクエストを削除しても相手に通知されない

知らないユーザーからのフォローリクエストを断ったとしても（次の見出しの手順2の図参照）、フォローリクエストを拒否した旨は相手に通知されません。知らないユーザーをフォロワーにしたくないときは、遠慮なくリクエストを削除しましょう。

非公開アカウントに切り替える

[非公開アカウント] をオンにし、表示される画面で [非公開に切り替える] をタップすると、アカウントが非公開になります。

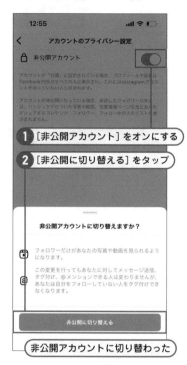

1 [非公開アカウント] をオンにする

2 [非公開に切り替える] をタップ

非公開アカウントに切り替わった

ユーザーリクエストの認証を判断する

通知をタップする

非公開アカウントにフォローリクエストが届くと、[ホーム] 画面に [お知らせ] のアイコンに通知が表示されるのでタップします。

1 通知をタップ

フォローリクエストの許可を判断する

フォローリクエストの相手やプロフィールを確認し、フォローされて差し支えなければ [確認]、フォローを許可しない場合は [削除] をタップします。

1 [確認] をタップ

ユーザーによるフォローが許可されます

Key Word　特定ユーザーのブロック / 制御

53 特定のユーザーを ブロック／制限したい

特定のユーザーとトラブルになった場合には、相手をブロックしたり、利用できる機能を制限したりできます。相手をブロックすると、あなたの投稿やプロフィールを表示できなくなり、機能を制限すると相手のコメントやメッセージを非表示にできます。

特定のユーザーをブロックする

 メニューを表示する

目的のユーザーの［プロフィール］画面を表示し、右上の3つの点のアイコン … をタップしてメニューを表示します。

1 ブロックするユーザーのプロフィールを表示

2 … をタップ

Android版の場合は ⁝ をタップします

 目的のユーザーをブロックする

［ブロック］をタップして、相手をブロックします。

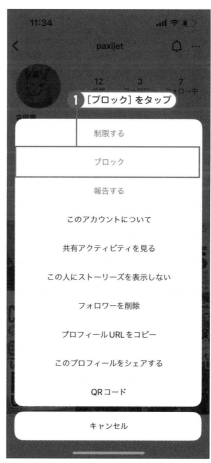

1 ［ブロック］をタップ

| 制限する |
| ブロック |
| 報告する |
| このアカウントについて |
| 共有アクティビティを見る |
| この人にストーリーズを表示しない |
| フォロワーを削除 |
| プロフィールURLをコピー |
| このプロフィールをシェアする |
| QRコード |
| キャンセル |

 ヒント 特定のユーザーをブロックする

特定のユーザーから誹謗中傷されるなどのトラブルになった場合には、そのユーザーをブロックしましょう。この手順に従ってユーザーをブロックすると、ブロックされたユーザーからは、あなたの投稿を表示したり、プロフィールを検索したりできなくなります。また、フォロワーをブロックした場合は、フォロワーが解除されます。なお、相手には、ブロックしたことは通知されません。

③ ユーザーのブロックを確認する

確認画面が表示されるので、[ブロック] をタップします。

［設定とプライバシー］画面を表示する

［設定とプライバシー］をタップし、[設定とプライバシー] 画面を表示します。

1 [設定とプライバシー] をタップ

ユーザーに設定されたブロックを解除する

① ブロックしているユーザーの一覧を表示する

［プロフィール］画面を表示し、右上の三本線のアイコン≡をタップしてメニューを表示します。

1 ≡をタップ

③ ブロックされているアカウントのリストを表示する

［ブロックされているアカウント］をタップし、ブロックされているアカウントのリストを表示します。

1 [ブロックされているアカウント] をタップ

目的のユーザーのブロックを解除する

目的のユーザーの［ブロックを解除］をタップします。

> **1** 目的のユーザーの［ブロックを解除］をタップ

ユーザーのブロックを解除する

確認画面が表示されるので、［ブロックを解除］をタップし、ブロックを解除します。

> **1** ［ブロックを解除］をタップ

> ユーザーのブロックが解除されます

アカウントを制限する

メニューを表示する

目的の相手の［プロフィール］画面を表示し、右上の3つの点のアイコン ⋯ をタップしてメニューを表示します。

> **1** ⋯ をタップ

> Android版の場合は ⋮ をタップします

メモ　不適切な投稿を報告する

インスタグラムには、残酷な写真やわいせつな写真など、公開に不適切な写真が投稿されることがあります。このような写真を見つけた場合には、すぐにインスタグラムの運営に報告しましょう。不適切な写真を報告するには、目的の写真の右上にある ⋯ をタップし、表示されるメニューで［報告する］を選択して報告の内容を選択します。

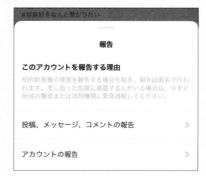

2 相手のアカウントを制限する

[制限する]をタップすると、相手のコメントやメッセージが公開されなくなるなどの制限が課せられます。

1 [制限する]をタップ

制限する

ブロック

報告する

このアカウントについて

共有アクティビティを見る

この人にストーリーズを表示しない

フォロワーを削除

プロフィールURLをコピー

このプロフィールをシェアする

QRコード

キャンセル

3 [閉じる]をタップする

「制限」の内容を確認し、[閉じる]をタップします。

paxijetは制限されています

paxijetからのあなたの投稿への新しいコメントや、あなたのストーリーズでのスタンプへの返信は、あなたとpaxijet以外には表示されません。この相手とのチャットはチャットリストに表示されなくなりますが、引き続き検索することはできます。制限は相手のプロフィールから解除できます。

閉じる

詳しくはこちら

1 [閉じる]をタップ

相手のアカウントに制限が設定された

ユーザーの制限を解除する

メモ アカウントを制限する

「アカウントの制限」は、いやがらせのコメントやメッセージを非表示にする機能です。相手のアカウントを制限すると、その相手から送られてきたコメントを非表示にすることができます。その際、送った本人には、コメントが表示されるためアカウントが制限されていることに気付きにくいメリットがあります。また、アカウントを制限すると、次のような制限がかかり、いやがらせからユーザーを守ることができます。

●相手からのコメントが非表示になる。その際、送った本人には通常通りに表示される。
●相手からのコメントは内容を確認することができる。
●相手からのメッセージがメッセージリクエストに転送され、直接目に触れずに済む。
●相手からのメッセージを読んでも「既読」が付かない。
●相手からコメントやメッセージが届いても通知されない。
●オンラインでもアクティビティステータス（緑の点）が非表示になる。

1 メニューを表示する

[プロフィール]画面を表示し、右上の三本線のアイコン ≡をタップしてメニューを表示します。

17:55

studiohosuke

4/5ステップ完了

647 投稿　107 フォロワー　155 フォロー中

よしおか
デジタル系フリーライター。
写真好き、小説好き、デジタル好き。
おもしろいと思ったモノを撮ります。
#写真好きな人と繋がりたい #フリーライター…続きを読む

1 ≡をタップ

[設定とプライバシー] 画面を表示する

[設定とプライバシー] をタップし、[設定とプラ
イバシー] 画面を表示します。

 [制限中] をタップする

[制限中] をタップします。

1 [制限中] をタップ

 制限の内容を確認する

制限の内容を確認し、[次へ] をタップします。

1 アカウントの制限について内容を確認

2 [次へ] をタップ

 ユーザーの制限を解除する

目的のユーザーの [制限を解除] をタップして、
相手の制限を解除します。

1 目的のユーザーの [制限を解除] をタップ

相手の制限が解除された

Key Word　検索履歴の削除

54 検索履歴を削除したい

写真を検索した際に使ったキーワードや訪問したアカウントは、履歴として記録されています。検索キーワードや訪問履歴を他の人に見られたくない場合は、検索履歴を削除しておきましょう。

インスタグラムを検索した履歴を削除する

1 メニューを表示する

[プロフィール] 画面を表示し、3つの点のアイコン≡をタップしてメニューを表示します。

11:49

studiohosuke ∨

647 投稿　**108** フォロワー　**156** フォロー中

よしおか
デジタル系フリーライター。
写真好き、小説好き、デジタル好き。
おもしろいと思ったモノを撮ります。
#写真好きな人と繋がりたい #フリーライター... 続きを読む

🔗 studio-nomade.jp

プロフェッショナルダッシュボード
過去30日間に104件のアカウントにリーチしました。

プロフィールを編集　**プロフィールをシェア**

1 [プロフィール] 画面を表示
2 ≡をタップ

下書き

2 [アクティビティ] 画面を表示する

[アクティビティ] をタップし、[アクティビティ] 画面を表示します。

11:49

studiohosuke ∨

⚙ 設定とプライバシー

@ Threads　　　NEW

:) アクティビティ　　1 [アクティビティ] をタップ

🕘 アーカイブ

📊 インサイト

QRコード

🔖 保存済み

ペアレンタルコントロール

注文と支払い

Meta認証　　NEW

親しい友達

検索履歴の一覧を表示する

[最近の検索] をタップして、検索履歴の一覧を表示します。

1 [最近の検索] をタップ

[すべてクリア] をタップする

[すべてクリア] をタップして、検索履歴をすべて削除します。

1 [最近の検索] をタップ

検索履歴を削除する

確認画面が表示されるので、[すべてクリア] をタップして履歴の削除を実行します。

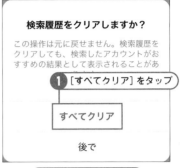

1 [すべてクリア] をタップ

検索履歴が削除されます

特定の検索履歴を削除する

特定の検索履歴を削除するには、この手順に従って [最近の検索] 画面 (手順4の図参照) を表示し、目的の履歴の右に表示されている [×] をタップします。

特定の検索履歴は [×] をタップして削除します。

8 インスタグラムをもっと安全に便利に使おう

55 ログインパスワードを変更するには

Key Word ログインパスワードの変更

インスタグラムの利用には、アカウント乗っ取りや偽アカウントなど、さまざまな危険が潜んでいます。アカウントを危険から守るために、ときどきパスワードを変更してみましょう。またパスワードは推測されにくいものを設定しましょう。

ログインパスワードを変更する

1 [オプション] 画面を表示する

プロフィール画面から変更の設定をします。

1 [プロフィール] 画面を表示

2 ≡ をタップ

2 [設定とプライバシー] 画面を表示する

[設定とプライバシー] をタップし、[設定とプライバシー] 画面を表示します。

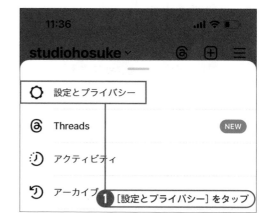

1 [設定とプライバシー] をタップ

3 アカウントセンターを表示する

[アカウントセンター] をタップして、アカウントセンターを表示します。

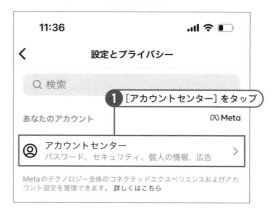

1 [アカウントセンター] をタップ

 メモ パスワードは推測されにくく覚えやすいものを

ログインパスワードには、誕生日と名前の組み合わせなど、推測されやすいものに設定している人がたくさんいます。推測されやすいパスワードを設定していると、アカウントの乗っ取りなどの危険度が高くなります。パスワードには本人しか知らない数値や複雑な組み合わせのものを設定しましょう。

[パスワードとセキュリティ] 画面を表示する

[パスワードとセキュリティ] をタップし、[パスワードとセキュリティ] 画面を表示します。

1 [パスワードとセキュリティ] をタップ

[パスワードを変更] をタップする

[パスワードを変更] をタップします。

1 [パスワードを変更] をタップ

パスワードを変更するアカウントを指定する

目的のアカウントをタップし、そのアカウントのパスワード変更画面を表示する。

1 目的のアカウントをタップ

パスワードを変更する

表示の通りにパスワードを変更していきます。

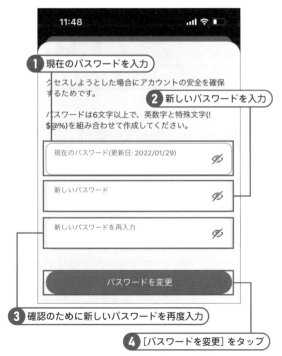

1 現在のパスワードを入力

2 新しいパスワードを入力

3 確認のために新しいパスワードを再度入力

4 [パスワードを変更] をタップ

ログインパスワードが変更されました

Key Word おすすめの非表示

56 興味のない投稿を表示させないようにする

インスタグラムのフィードには、おすすめや広告など、ユーザーが意図しない写真や動画が数多く表示されます。興味のない写真や動画がわずらわしく感じるときは、おすすめや広告を非表示にしましょう。

興味のない投稿を非表示にする

① おすすめの投稿を非表示にする

おすすめの投稿を表示し、右上の［×］をタップします。

メモ おすすめの投稿を非表示にする

フィードには、過去の閲覧履歴などからインスタグラムが薦める「おすすめ投稿」が表示されます。おすすめ投稿がわずらわしいときは、この手順に従って非表示にしましょう。手順2の図では、次のようにおすすめ投稿を非表示にできます。

- ●［（ユーザー名）からの投稿をおすすめしない］：特定のユーザーのおすすめ投稿を非表示にする
- ●［特定の言葉を含む投稿をおすすめしない］：不適切な言葉を含む投稿を表示しない
- ●［おすすめの投稿すべてをフィードで30日間一時休止する］：すべてのおすすめ投稿を30日間表示しない
- ●［おすすめのコンテンツの管理］：［おすすめのコンテンツ］画面を表示する
- ●［この投稿を見て不快な気分になった］：不適切な内容として報告できる

② おすすめの投稿を30日間停止する

［おすすめの投稿すべてをフィードで30日間一時休止する］をタップします。

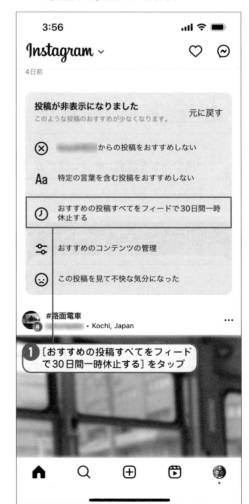

③ おすすめの投稿の表示が停止された

30日間おすすめの投稿が表示されません。

興味のない広告を非表示にする

① メニューを表示する

目的の広告を表示し、右上の3つの点のアイコン … をクリックして、メニューを表示します。

① … をタップ

Android版の場合は ⋮ をタップします

② 広告を非表示にする

[広告を非表示にする] をタップします。

① [広告を非表示にする] をタップ

③ 広告を非表示にする理由を選択する

広告を非表示にする理由をタップします。なお、ここでは [関連がない] をタップします。

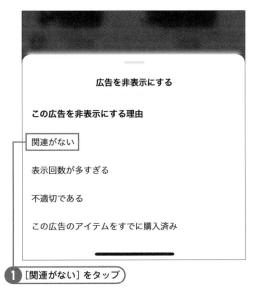

① [関連がない] をタップ

この広告が表示されなくなった

57 インスタグラムを見過ぎないように設定するには

リールの視聴を止められなくなり、気が付くと2時間くらい経っていた…という経験のあるユーザーも多いでしょう。インスタグラムの利用時間が増えてきたと思うときは、[利用時間]画面でインスタグラムの利用を管理してみましょう。

インスタグラム利用に制限時間を設定する

 1 メニューを表示する

[プロフィール]画面を表示し、右上の3本線のアイコン☰をタップしてメニューを表示します。

2 [設定とプライバシー]画面を表示する

[設定とプライバシー]をタップして、[設定とプライバシー]画面を表示します。

1 ☰をタップ

1 [設定とプライバシー]をタップ

 ヒント　終了を促すリマインダーが表示される

この手順でインスタグラムの利用時間を制限すると、指定した時間が経過したタイミングで利用の終了を促すリマインダーが表示されます。インスタグラムを使いすぎているなと感じたら、利用時間を制限してみましょう。

［利用時間］をタップする

［利用時間］をタップし、利用時間の管理画面を
表示します。

1 ［利用時間］をタップ

メニューを表示する

［1日の時間制限を設定］をタップし、メニュー
を表示します。

1 ［1日の時間制限を設定］をタップ

インスタグラムの利用時間を設定する

目的の制限時間をタップし、［オンにする］をタ
ップします。

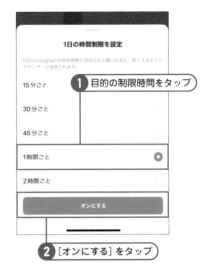

1 目的の制限時間をタップ

2 ［オンにする］をタップ

休憩時間を通知する

メニューを表示する

［利用時間］画面を表示し、［休憩のリマインダー
を設定］をタップしてメニューを表示します。

1 ［休憩のリマインダーを設定］をタップ

休憩を促すリマインダーのタイミングを設定する

休憩を促すリマインダーを表示するタイミング
を選択し、[オンにする]をタップします。

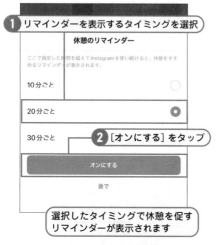

1 リマインダーを表示するタイミングを選択

休憩のリマインダー

ここで指定した時間を超えて Instagram を使い続けると、休憩をすすめるリマインダーが表示されます。

10分ごと ◯

20分ごと ◉

30分ごと

2 [オンにする]をタップ

オンにする

後で

選択したタイミングで休憩を促す
リマインダーが表示されます

指定した時間は通知を停止する

 [お知らせの設定]をタップする

[利用時間]画面を表示し、[お知らせの設定]を
タップします。

11:55

〈 利用時間 ⓘ

Instagram の利用時間

1時間51分

1日の平均

過去1週間、このデバイスで Instagram アプリを
利用した1日あたりの平均時間です。

Tue Wed Thu Fri Sat Sun 今日

時間を管理

休憩のリマインダーを設定 ›
閲覧を定期的に休憩するためのリマインダーを設定で
きます。

1日の時間制限を設定 ›
Limit the time you spend on Instagram and
Threads each day by scheduling a reminder to
close the app.

お知らせの設定 ›
Instagram から受け取るお知らせを選択してください。
プッシュ通知をミュートすることもできます。

1 [お知らせの設定]をタップ

 [静かモード]画面を表示する

[静かモード]をタップし、[静かモード]画面を
表示します。

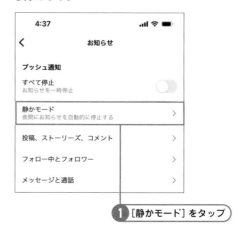

4:37

〈 お知らせ

プッシュ通知

すべて停止 ⬤
お知らせを一時停止

静かモード ›
夜間にお知らせを自動的に停止する

投稿、ストーリーズ、コメント ›

フォロー中とフォロワー ›

メッセージと通話 ›

1 [静かモード]をタップ

 静かモードを設定する

[静かモード]をオンにし、通知を停止する開始
時間と終了時間を指定します。

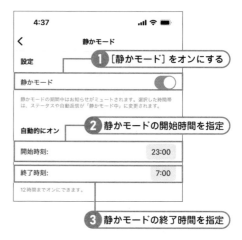

4:37

〈 静かモード

設定

1 [静かモード]をオンにする

静かモード ⬤

静かモードの期間中はお知らせがミュートされます。選択した時間帯
は、ステータスや自動返信が「静かモード中」に変更されます。

自動的にオン

2 静かモードの開始時間を指定

開始時刻: 23:00

終了時刻: 7:00

12時間までオンにできます。

3 静かモードの終了時間を指定

9章

インスタグラムをThreads や他のSNSと連携させる

インスタグラムは、基本的には自分のフォロワーに向けて、自分の投稿を見せるSNSで、X(Twitter)のように投稿を不特定多数に向けて拡散する機能はありません。インスタグラムへの投稿をできるだけ多くの人に見てもらいたいときは、他のSNSでシェアしましょう。また、インスタグラムのアカウントで利用できる新しいSNSの「Threads（スレッズ）」とインスタグラムを連携させると、簡単な操作で相互の投稿をシェアできます。

Key Word 他の SNS へのシェア

58 投稿を他のSNSで シェアするには

インスタグラムでは、写真や動画の他のSNSへのシェアは、インスタグラムでの投稿完了後に表示される［シェア］▽をタップして行います。インスタグラムに投稿すると自動的に他のSNSに投稿される機能はないため注意が必要です。

インスタグラムの投稿をLINEでシェアする

1 シェア先の一覧を表示する

目的の投稿を表示し、［シェア］▽をタップします。

2 ［シェア］をタップする

［シェア］をタップします。

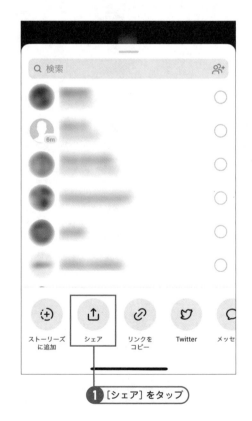

③ シェア先に LINE を指定する

シェアできるアプリの一覧を左に向かってスワイプし、[LINE] をタップします。

1 リストを左にスワイプ

2 [LINE] をタップ

④ シェア先となるユーザーを指定する

主な転送先が表示されるので、目的の転送先をタップします。なお、ここに目的の転送先が表示されていない場合は、[もっと見る] をタップし、他の転送先を表示します。

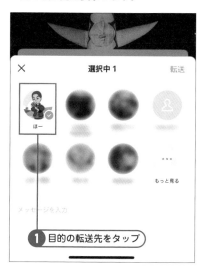

1 目的の転送先をタップ

メモ リールやストーリーを他のSNSでシェアする

この見出しでは、インスタグラムの写真を他のSNSでシェアする手順を解説していますが、リール動画やストーリーを他のSNSでシェアする場合も同じ手順で行えます。また、他のユーザーの写真やリール動画やストーリーを他のSNSでシェアする場合も同様の手順です。

⑤ LINE に転送された

目的の相手のLINEに、インスタグラムへのURL が送信されます。URLをタップすると、目的の投稿が表示されます。

目的の相手のLINEにインスタグラムのURL が転送された

チェック 新規投稿時にシェアを設定できなくなった

インスタグラムでは、新規投稿画面上でX（Twitter）やWhatsAppなど他のSNSへのシェアを設定できていました。しかし、その機能が廃止され、投稿後に表示される [シェア] ▽をタップした方法に変更されています。

インスタグラムの投稿をX（Twitter）にシェアする

1 シェア先の一覧を表示する

目的の投稿を表示し、［シェア］▽をタップします。

1 ［シェア］▽をタップ

2 シェア先にX（Twitter）を選択する

下部のリストで［Twitter］をタップします。

1 ［Twitter］をタップ

3 X（Twitter）にツイートする

インスタグラムへのURLが記載された新規投稿画面が表示されるので、コメントを入力し、［ツイートする］をタップします。

1 コメントを入力

2 ［ツイートする］をタップ

4 インスタグラムの動画がX（Twitter）に投稿された

インスタグラムの動画がX（Twitter）に投稿されました。

インスタグラムの動画がX（Twitter）に投稿された

Key Word > TikTok との連携

59 TikTokの動画を インスタグラムに投稿する

TikTokは、最長3分までの動画を投稿できるショートムービーを中心としたSNSです。インスタグラムに投稿した動画をTikTokにシェアできませんが、TikTokに投稿した動画はインスタグラムにシェアできます。

TikTokをインスタグラムに連携させる

1 プロフィールの編集画面を表示する

[TikTok] アプリを起動し、下部で [プロフィール] をタップし、[プロフィールを編集] をタップします。

メモ TikTokとは

「TikTok」は、10億人のアクティブユーザーを抱える、最長3分までの動画を投稿・視聴できるSNSです。10～30代の若い年齢層のユーザーが多く、ダンスやチャレンジ、メイクアップなど個性的な動画が多いのが特徴です。TikTokには、インスタグラムとの連携機能が用意されていて、TikTokに投稿した動画を簡単な手順でインスタグラムにシェアすることができます。

2 インスタグラムとの連携を設定する

下部にある [Instagramを追加] をタップします。

インスタグラムのアカウントにログインする

インスタグラムへのログイン画面が表示されるので、インスタグラムのユーザーネームとパスワードを入力し、[ログイン]をタップします。

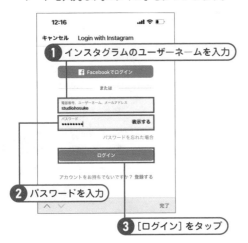

 ログイン情報を保存する

[情報を保存]をタップし、ログイン情報を保存します。

 Cookieの利用を許諾する

記載されている内容を確認し、[許可]をタップして、インスタグラムがCookieを利用することに同意します。

 情報の提供を許諾する

[許可する]をタップし、TikTokが求めるユーザー情報の提供を許諾します。

7 **TikTokとインスタグラムの連携が完了した**

TikTokとインスタグラムの連携が完了します。

（ TikTokとインスタグラムの連携が設定された ）

💡 **ヒント** **他のユーザーの動画をシェアする場合**

この手順では、自分が投稿した動画をインスタグラム
にシェアする方法を解説していますが、他のユーザー
の動画もインスタグラムにシェアすることができま
す。他のユーザーの動画をシェアするには、画面右下
に表示されている矢印のアイコン🡒をタップすると、
手順2の画面が表示されるので以降同様の手順で操作
を進めます。なお、他のユーザーの動画をシェアする
際には、トラブルを防ぐためにあらかじめ許諾をもら
っておきましょう。

TikTokの動画をインスタグラムでシェアする

 1 **メニューを表示する**

[TikTok] アプリで自分が投稿した動画を表示
し、⋯をタップします。

 2 **シェア先にインスタグラムを選択する**

シェア先の一覧が表示されるので [Instagram]
をタップします。

③ 投稿先を選択する

インスタグラムが起動し、次の画面が表示されるので投稿先を選択します。なお、ここでは［フィード］をタップします。

1 ［フィード］をタップ

④ 動画を編集する

動画の編集画面が表示されるので、必要に応じて動画を編集し、［次へ］をタップします。

1 ［次へ］をタップ

⑤ 動画を投稿する

投稿画面が表示されるので、キャプションやハッシュタグなどを設定し投稿します。

 ヒント **TikTokへのシェアはできない**

2023年8月現在、インスタグラムの投稿をTikTokにシェアする機能は用意されていません。投稿に表示されている［シェア］▽をタップすると表示される画面で［その他］をタップしても、シェア先にTikTokを指定することはできません。

Key Word　Threads との連携

60

Threads と連携させよう

Threads（スレッズ）は、Facebook やインスタグラムを運営する Meta が2023年7月6日にリリースした新しい SNS です。Threads は、インスタグラムに付随するサービスで、フォロワーやアカウントを共有することもできます。

Threads とは？

リツイート機能でポスト（投稿）を拡散することもできます。Threads は、インスタグラムに付随するサービスで、アカウントやフォロワーを共有することができます。インスタグラムと Threads をうまく使い分けて、他のユーザーと楽しく交流してみましょう。

Threads とインスタグラムを連携させる

① メニューを表示する

［プロフィール］画面を表示し、右上の3本線のアイコンをタップして、メニューを表示します。

① ≡をタップ

Threads の招待状を表示する

メニューで [Threads] をタップし、Threads への招待状を表示します。なお、[Threads] アプリはあらかじめインストールしています。

① [Threads] をタップ

[Threads] アプリを起動する

招待状が表示されるので、[Open Threads] をタップし、[Threads] アプリを起動します。

① [Open Threads] をタップ

インスタグラムのアカウントでログインする

[Instagram でログイン] をタップし、[Threads] アプリに Instagram アカウントでログインします。

① [Instagram でログイン] をタップ

プロフィールをインポートする

[Instagram からインポート] をタップして、インスタグラムからプロフィールをインポートします。

① [Instagram からインポート] をタップ

プロフィールを完成させる

プロフィールの内容を確認し、[次へ] をタップします。

1 [次へ] をタップ

プロフィールのプライバシー設定を選択する

プロフィールのプライバシー設定を選択します。ここでは、[公開プロフィール] をタップし、[次へ] をタップします。

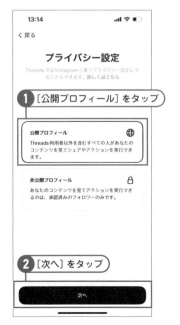

1 [公開プロフィール] をタップ

2 [次へ] をタップ

インスタグラムのユーザーをフォローする

インスタグラムでフォローしているユーザーでThreadsを利用しているユーザーがいた場合、そのユーザーをフォローするかどうかを選択し、[次へ] をタップします。

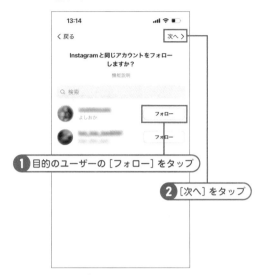

1 目的のユーザーの [フォロー] をタップ

2 [次へ] をタップ

Threadsとの連携が設定された

Threadsのしくみについて内容を確認し、[Threadsに参加する] をタップすると、[Threads] アプリの画面が表示されます。

1 [Threadsに参加する] をタップ

[Threads] アプリが利用可能になります

Threads からインスタグラムに投稿する

 シェア先の選択画面を表示する

[Threads] アプリの下部で [プロフィール] 🔒 をタップし、[スレッド] をタップして目的のポスト（投稿）を表示し、[シェア] ▽ をタップします。

1 [プロフィール] 🔒 をタップ

2 [スレッド] をタップ

3 目的のスレッドの [シェア] ▽ をタップ

 シェア先にインスタグラムのフィードを選択する

シェア先の選択画面が表示されるので、[フィードに投稿] をタップします。

1 [フィードに投稿] をタップ

 メモ **Threadsにポストする**

Threadでは、Twitterでいうツイートのことを「ポスト」といいます。また、Twitterでいうコメント付きリツイートのことを「クオート」、コメントなしのリツイートのことを「リポスト」といいます。Threadsでポストするには、画面下部にある 🖊 をタップして投稿画面を表示し、コメントを入力して [投稿する] をタップします。

1 🖊 をタップ

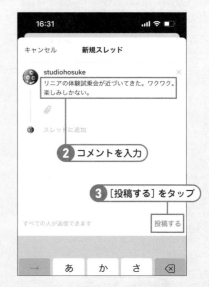

2 コメントを入力

3 [投稿する] をタップ

コメントがスレッド（タイムライン）にポストされる

③ 画像を編集する

Threadsのスレッドが画像として表示されます。画像の編集画面が表示されるので、必要に応じて編集し、[次へ] をタップします。

1 写真を編集

2 [次へ] をタップ

④ 写真をインスタグラムに投稿する

キャプションとハッシュタグを入力し、[シェア] をタップして投稿します。

1 キャプションとハッシュタグを入力

2 [シェア] をタップ

⑤ スレッドがインスタグラムに投稿された

Threadsのスレッドがインスタグラムのフィードに投稿されます。

写真が投稿された

インスタグラムの投稿を Threadsにシェアする

① シェア先の選択画面を表示する

インスタグラムの [プロフィール] 画面で自分の目的の投稿を表示し、[シェア] ▽をタップします。

1 [シェア] ▽をタップ

その他のシェア先を表示する

[シェア] をタップします。

1 [シェア] をタップ

 シェア先にThreadsを選択する

シェア先に [Threads] をタップします。

1 [Threads] をタップ

 インスタグラムの写真をThreadsに投稿する

[Threads] アプリの投稿画面が表示されるので、コメントを入力し、[Post] をタップします。

1 コメントを入力

2 [Post] をタップ

 インスタグラムの写真がThreadsに投稿された

インスタグラムの写真が [Threads] アプリに投稿されます。

用語索引

●記号・英字

#	36
App Store	25、46
BASE	198
Facebookアカウント	28
Facebookアカウント追加	59
Facebook関連付け	58
Facebookでシェア	60
Facebook友達検索	55
Facebookページ	181
Google Playストア	21、48
Instagramアカウント	26
Instagramアカウント作成	50
Instagramアプリ	22、24
Instagramアプリインストール	46
LINE	21
LINEでシェア	224
Lux	112
Shop Pay	195
SNS	20
Threads	44、231
Threadsと連携	231
Threadsの投稿	234
TikTok動画	227
TikTokと連携	227
Twitter	21
Twitterでシェア	226
Windows版アプリ	49
X	21
Xでシェア	226
Xに写真を投稿	38

●あ行

アーカイブ	201
相手のプロフィール	75
アカウント切り替え	57
アカウント制限	211
アカウントセンター	59
アカウント追加	56

アカウント非公開	207
明るさ調整	116
アクティビティ画面	92、214
暖かみ補正	117
新しい友達	167
アングル	105
いいね！	34、90
いいね！確認	91
位置情報	31
位置情報写真	126
位置情報追加投稿	126
位置情報の取得	85
色の数	105
インスタグラム	14
インスタグラムショッピング	17
インスタ映え	114
ウェーブ	163
エフェクトギャラリー	133、152
お気に入り写真	106
お気に入りのショップ	176
おすすめ投稿非表示	218
お題	134
オプション画面	92
音楽検索	122
音楽登録	122
オンラインストア	180
オンラインストア開設	188

●か行

カタログ作成	190
カメラ起動	100
画面分割	135
キーワード検索	78
消えるメッセージモード	98
既存の動画編集	140
キャプション入力	101
休憩時間通知	221
共有範囲設定	138
現在地スポット	84

検索結果カテゴリ表示 ……………… 79
検索履歴削除 ……………………… 214
広告非表示 ………………………… 219
公式アカウント …………………… 43
構図 ………………………………… 104
子供向け安全性 …………………… 30
コネクテッドエクスペリエンス …… 61
コマースマネージャ ……………… 190
コメント …………………………… 35
コメント削除 ……………………… 95
コメント作成画面 ………………… 94
コメントのオフ設定 ……………… 204
コメントの制御 …………………… 203
コラボコレクション ……………… 93
コントラスト調整 ………………… 116

●さ行

再生スピード ……………………… 135
彩度調整 …………………………… 118
撮影画面 …………………………… 103
撮影のコツ ………………………… 104
シーケンス ………………………… 153
自己紹介文 ………………………… 65
自己紹介編集画面 ………………… 65
自然光 ……………………………… 104
シッピング機能 …………………… 174
シャープ …………………………… 121
写真加工 ……………………… 29、40
写真コメント ……………………… 94
写真投稿 …………………………… 100
写真の角度 ………………………… 114
写真の順番 ………………………… 109
写真フィルター …………………… 40
写真補正 …………………………… 114
写真レイアウト …………………… 107
写真を追加 ………………………… 53
シャドウ調整 ……………………… 120
周辺スポット ……………………… 86
商品をタグ付け …………………… 197
ショートムービー ………………… 132
ショッピング機能導入条件 ……… 180
ショップ開設 ……………………… 180
ショップ設定 ……………………… 193

ショップタブ ……………………… 176
ショップのアカウント検索 ……… 178
ショップの審査 …………………… 196
新規投稿画面 ……………………… 100
新規投稿画面構成 ………………… 102
スタンプ選択 ……………………… 144
ストーリーをシェア ……………… 225
ストラクチャ ……………………… 117
ストリーズ ………………………… 156

●た行

タイマー …………………………… 136
代名詞の性別 ……………………… 64
ダイレクトメッセージ …………… 96
ダイレクトメッセージ返信 ……… 97
タイムライン ……………………… 141
タグ入力 …………………………… 66
縦横比 ……………………………… 107
タブレット ………………………… 42
地図検索機能 ………………… 84、86
通知設定 …………………………… 89
ティルシフト ……………………… 120
テキスト編集画面 ………………… 137
テンプレート ……………………… 147
動画配信 …………………………… 19
動画分割 …………………………… 143
投稿 ………………………………… 18
投稿LINEでシェア ………………… 39
投稿アーカイブ …………………… 202
投稿再表示 ………………………… 201
投稿削除 …………………………… 200
投稿の位置情報 …………………… 86
投稿の場所を確認 ………………… 127
投稿非表示 …………………… 77、200
投稿リスト ………………………… 86
特定の検索履歴削除 ……………… 215
特定のユーザー …………………… 209
友達フォロー ……………………… 72

●な行

名前変更 …………………………… 64
ニックネーム ……………………… 51
認証バッジ ………………………… 43

ノート ……………………………… 166
ノート削除 ………………………… 169
ノート作成画面 …………………… 166
ノートで交流 ……………………… 168

●は行

パスワード ………………………… 52
パソコン …………………………… 42
発見画面 …………………………… 81
ハッシュタグ …………………… 36、80
ハッシュタグ検索 ………………… 81
ハッシュタグ設定 ………………… 125
ハッシュタグの位置 ……………… 124
ハッシュタグフォロー …………… 83
ビジネスアカウント …………… 185、188
ビジネス画面 ……………………… 194
ビネット …………………………… 120
誹謗中傷を防ぐ …………………… 204
フィルター一覧 …………………… 113
フィルター活用 …………………… 110
フィルター画面 …………………… 103
フィルター設定 …………………… 110
フィルター適用 …………………… 101
フィルターの色 …………………… 118
フィルターの順番 ………………… 111
フォロー …………………………… 32
フォロー解除 ……………………… 73
フォロー中 ………………………… 70
フォロー中リスト ………………… 72
フォローバック …………………… 74
フォロワー ………………………… 32
フォロワー削除 …………………… 75
フォロワーを増やす ……………… 36
複数の写真投稿 …………………… 108
不適切な単語 ……………………… 206
不適切な投稿報告 ………………… 211
プライバシー ……………………… 58
プロアカウント …………………… 182
ブロック …………………………… 209
ブロック解除 ……………………… 210
プロフィール公開設定 …………… 31
プロフィール写真 ………………… 53
プロフィールのシェア …………… 28

プロフィール非公開設定 ………… 37
プロフィール編集 ………………… 63
プロモーションメール …………… 183
ホームページ情報 ………………… 67
他のユーザー ……………………… 34

●ま・や行

まとめ機能 ………………………… 170
まとめタイプ ……………………… 170
まとめ投稿 ………………………… 172
ミュート …………………………… 77
メッセージ ………………………… 35
メッセンジャー …………………… 35
ユーザー制限解除 ………………… 212
ユーザーネーム ………………… 26、52
ユーザーネーム登録 ……………… 56
ユーザリクエスト認証 …………… 208
有名人のアカウント …………… 43、88
有名人のアカウントフォロー …… 88
ゆがみ補正 ………………………… 115

●ら行

ライブ動画 ………………………… 161
ライブ動画シェア ………………… 164
ライブ配信 ………………………… 165
リール …………………………… 130
リール動画 ………………………… 62
リール動画ショップ検索 ………… 179
リール非表示 ……………………… 146
リールをシェア …………………… 225
リハーサル ………………………… 162
リミックス ………………………… 149
リミックス設定 …………………… 155
利用時間制限 ……………………… 220
リンク ……………………………… 66
レトロ感 …………………………… 119
連絡先アプリ連携 ………………… 37
連絡先と連携 ……………………… 70
連絡先へのアクセス ……………… 71
連絡先連携の解除 ………………… 71
ログインパスワード変更 ………… 216

著者紹介

吉岡 豊 (よしおか　ゆたか)

長年にわたりパソコン書の執筆を担当し、近年はIT関連書籍でも大活躍しており、多くの読者から支持されている人気ライターの一人である。特に、Officeアプリには造詣が深く、これまでに多くの書籍を出版している。また、ビジネスマン向けのWebサイトでの寄稿も盛んに行っていて、記事のクオリティの高さが評価されている。

■デザイン

　金子中

はじめての今さら聞けない
インスタグラム [第3版]
Threads対応

発行日	2023年10月 1日	第1版第1刷
	2023年12月 5日	第1版第2刷

著　者　吉岡 豊

発行者　斉藤　和邦
発行所　株式会社　秀和システム
　　　　〒135-0016
　　　　東京都江東区東陽2-4-2　新宮ビル2F
　　　　Tel 03-6264-3105 (販売) Fax 03-6264-3094
印刷所　三松堂印刷株式会社　　　　Printed in Japan

ISBN978-4-7980-7089-6 C3055